纸匠

曹保明 著

中国文史出版社

图书在版编目（CIP）数据

纸匠 / 曹保明著 . -- 北京：中国文史出版社，
2021. 8

ISBN 978 - 7 - 5205 - 3119 - 1

Ⅰ . ①纸… Ⅱ . ①曹… Ⅲ . ①手工 - 造纸 - 介绍 - 吉
林②手工 - 造纸 - 手工业工人 - 介绍 - 吉林 Ⅳ .
①TS756②K828. 1

中国版本图书馆 CIP 数据核字（2021）第 165862 号

责任编辑：金硕

出版发行：**中国文史出版社**

社　　址：北京市海淀区西八里庄路 69 号院　　　邮编：100142

电　　话：010 - 81136606　81136602　81136603　81136605（发行部）

传　　真：010 - 81136655

印　　装：北京温林源印刷有限公司

经　　销：全国新华书店

开　　本：660×950　1/16

印　　张：12

字　　数：120 千字

版　　次：2022 年 1 月北京第 1 版

印　　次：2022 年 1 月第 1 次印刷

定　　价：48. 00 元

心怀东北大地的文化人

——曹保明全集序

二十余年来，在投入民间文化抢救的仁人志士中，有一位与我的关系特殊，他便是曹保明先生。这里所谓的特殊，源自他身上具有我们共同的文学写作的气质。最早，我就是从保明大量的相关东北民间充满传奇色彩的写作中，认识了他。我惊讶于他对东北那片辽阔的土地的熟稔。他笔下，无论是渔猎部落、木帮、马贼或妓院史，还是土匪、淘金汉、猎手、马帮、盐帮、粉匠、皮匠、挖参人，等等，全都神采十足地跃然笔下；各种行规、行话、黑话、隐语，也鲜活地出没在他的字里行间。东北大地独特的乡土风习，他无所不知，而且凿凿可信。由此可知他学识功底的深厚。然而，他与其他文化学者明显之所不同，不急于著书立说，而是致力于对地域文化原生态的保存。保存原生态就是保存住历史的真实。他正是从这一宗旨出发确定了自己十分独特的治学方式和写作方式。

首先，他更像一位人类学家，把田野工作放在第一位。多年里，我与他用手机通话时，他不是在长白山里、松花江畔，就是在某一个荒山野岭冰封雪裹的小山村里。这常常使我感动。可是民间文化就在民间。文化需要你到文化里边去感受和体验，而不是游客一般看一眼就走，然后跑回书斋里隔空议论，指手画脚。所以，他的田野工作，从来不是把民间百姓当作索取资料的对象，而是视作朋友亲人。他喜欢与老乡一同喝着大酒、促膝闲话，用心学习，刨根问底，这是他的工作方式乃至于生活方式。正为此，装在他心里的民间文化，全是饱满而真切的血肉，还有要紧的细节、精髓与神韵。在我写这篇文章时，忽然想起一件事要向他求证，一打电话，他人正在遥远的延边。他前不久摔伤了腰，卧床许久，才刚恢复，此时天已寒凉，依旧跑出去了。如今，保明已过七十岁。他的一生在田野的时间更多，还是在城中的时间更多？有谁还像保明如此看重田野、热衷田野、融入田野？心不在田野，谈何民间文化？

更重要的是他的写作方式。

他采用近于人类学访谈的方式，他以尊重生活和忠于生活的写作原则，确保笔下每一个独特的风俗细节或每一句方言俚语的准确性。这种准确性保证了他写作文本的历史价值与文化价值。至于他书中那些神乎其神的人物与故事，并非他的杜撰；全是口述实录的民间传奇。

由于他天性具有文学气质，倾心于历史情景的再现和事物的形象描述，可是他的描述绝不是他想当然的创作，而全部来自口述者的亲口叙述。这种写法便与一般人类学访谈截然不同。他的写作富于一种感性的魅力。为此，他的作品拥有大量的读者。

作家与纯粹的学者不同，作家更感性，更关注民间的情感：人的情感与生活的情感。这种情感对于拥有作家气质的曹保明来说，像一种磁场，具有强劲的文化吸引力与写作的驱动力。因使他数十年如一日，始终奔走于田野和山川大地之间，始终笔耕不辍，从不停歇地要把这些热乎乎感动着他的民间的生灵万物记录于纸，永存于世。

二十年前，当我们举行历史上空前的地毯式的民间文化遗产抢救时，我有幸结识到他。应该说，他所从事的工作，他所热衷的田野调查，他极具个人特点的写作方式，本来就具有抢救的意义，现在又适逢其时。当时，曹保明任职中国民协的副主席，东北地区的抢救工程的重任就落在他的肩上。由于有这样一位有情有义、真干实干、敢挑重担的学者，使我们对东北地区的工作感到了心里踏实和分外放心。东北众多民间文化遗产也因保明及诸位仁人志士的共同努力，得到了抢救和保护。此乃幸事！

如今，他个人一生的作品也以全集的形式出版，居然洋洋百册。花开之日好，竟是百花鲜。由此使我们见识到这位卓尔不群的学者一生的努力和努力的一生。在这浩繁的著作中，还叫我看到一个真正的文化人一生深深而清晰的足迹，坚守的理想，以及高尚的情怀。一个当之无愧的东北文化的守护者与传承者，一个心怀东北大地的文化人！

当保明全集出版之日，谨以此文，表示祝贺，表达敬意，且为序焉。

2020. 10. 20

天津

纸的民间典籍

东北，那是寒风的老家，大雪的故乡。

这里，从十月起，凉风就渐渐吹落树上的叶子，吹黄地上的青草，漫天的大雪在老北风的吹刮下，覆盖了无边的黑土地，气温下降到零下 40 多度，室外滴水成冰，老人们嘱咐孩子们："戴好帽子，别出屋子，腊七腊八冻掉下巴呀!"

严冬迈开脚步，来到东北，还不想立刻走开，于是生活在白山黑水间的人们，想出了许许多多抵抗严寒的办法。这些办法，是那么令人惊奇，又那么有趣，比如窗户纸儿糊在外，就是其中之一。

据《柳条边纪略》载："宁古塔屋皆南向，立破木为墙覆以苦草厚二尺许，草概当檐际若斩，淘大索牵其上，更压以木，蔽风雨出瓦上，开户多东南，土炕高尺五寸，周南、西、北三面空其东，就南、北炕头做灶……"又据林惠祥《中国民族史》说："清初满族人的生活系射猎、定居，住木屋、屋内有炕……"

东北天寒地冻，屋内全靠火炕取暖。由于屋内火炕（往往是南北大炕）都靠着窗户，这就造成窗里外的温差。如果把窗户纸糊在里面，很容易缓霜，使纸脱落，所以东北人要把"窗户纸糊在外"。

另外，这种糊窗纸与众不同，人们称之为"麻纸"，也有叫"麻布纸"。《扈从东巡附录》载："乌喇无纸，八月即雪。先秋，捣敝衣中败絮，入水成氄，沥以芦帘为纸，坚如革，纫之以蔽户牖。"所讲，即是把麻浸泡后做纸。民间还有一条谜语，讲了这个事情：

> 身穿绿袍头戴花，
> 我跳黄河无人拉。
> 只要有人拉出我，
> 一身绿袍脱给他。

麻做纸前，先要在水中泡，当然是"我跳黄河无人拉"。一身绿袍脱给他，就是把麻皮扒下，用麻皮泡筛，沉淀后，晾干成"麻纸"。

东北这种民间的老纸，又粗又厚，上面再用胶压勒上细麻条，刷好桐油，无论是在草苫的房檐下，或是檩瓦的房檐下，都不怕雨滴和潮气。雨水打在这样的窗纸上，反而顺利地淌下去，潮气在上面一打，化成水珠，也无法浸到里边。如果把窗纸糊在里边，水就会顺窗纸流下，存在下部的窗棂子上，久而久之，窗棂便会被浸烂了。

在东北，风大雪硬。窗纸糊在外，和风的走向相反，不易把纸吹裂吹坏；这也是东北人为了生存的一大聪明。冬夜，当北风扬起砂雪，哗哗地击打在窗子上，像千军万马在奔腾追逐，像战鼓在咚咚地响，可是，窗纸抵挡住了寒风冷雪的袭击，使关东父老暖暖和和地睡在火炕上。

窗户纸糊在外，这种奇特的生存方式，除了能保持里外的温差和抵挡风雪外，这种糊窗法还给人一种美感，反映了关东人勤劳爱洁净的、爱美的性格。

在东北，一般人家的窗子都是上下两部分，靠下边的往往糊"亮纸"，上边的是"支窗"。支窗冬日里关得紧紧的，但春夏天转暖，晌午前后，往往把支窗支起或吊起，以便通风换气。这样底下透明，上边一排整齐的支窗，十分和谐美观。窗纸每年春秋各糊裱一次，刷油绷紧，风一吹，鼓一样咚咚作响，十分动听，而阳光又能从下边的窗上直接照射到火炕上，可谓一举两得。

所以，窗户纸糊在外，说怪也不怪。

它是东北人聪明和智慧的表述和记载。

当然，现在有了玻璃窗，甚至修上了"洋楼"，窗户纸的作用大大减少了，东北"窗户纸糊在外"也成了消失的过去，可是，关于老"纸"的故事，总会引起人的回味，今天，我们一起回味纸的故事。

目录 Contents

第
一
章

纸
匠

一、"关东蔡伦"

人的知识积累，许多时候是让记忆落地，如果你能做到让记忆落地，你便会成为一个"有知识"的人，从这个感受出发，人每时每刻都在学习着。其实，人的记忆，就是"飘荡"的知识线索，要去追寻知识的线索，然后让线索落地。

最明显的例子很多，就比如我在正月十六，去探索吉林一个关于"纸匠"的线索。偶然中，我从高吉宏（吉林市"非遗"展示馆的朋友）那儿听说，他知道一个"纸匠"的线索。他的线索是从他的一个朋友海川那儿来的。于是我联系了海川。海川有事，我便于正月十六与占忠一起早上5点天黑黑的就出发了。

这时，我完全是按着自己的一个想象，去进入另一个想象。

寻找记忆，想象是很重的。

我先去想象，我会见到什么呢?

但有一点，给我一个明确指向，我要去的这个地方有关于"造纸"的特征，这里，一定会有纸匠的生活记忆。

造纸的特征，应该是一个遥远的特征。造纸，是中国的四大发明，东北为什么会有一种纸匠记忆，我渴望挖开这个记忆。

也许是渴望挖开这个记忆的愿望太强了，这时，要去寻找记忆的人，一定会有一种想象的冲动，那就是，如果找到了这个记忆，该如何去处理这个记忆？这时，我记得，我与以往寻找记忆一样，已产生了一个五花八门的记忆"处理"结果。

首先，这个挖掘，太重要了，东北（吉林）竟然有"造纸"之人。

它会变成一个独特的"文化发现"吗？

如果它独特到一定程度，可以写成什么体裁？是纪实？是故事？是小说？是戏剧？是系列的文化"工程"？

总之，人会处于越来越兴奋的期待中。

但是，要记住，这是一次任何明确印象都没有的出发，只知道大致的地点，是白山乡（永吉口前镇与吉林市中间）一个叫"鸡冠山"的位置处。

于是，当天黎明时，我们已到达了这个位置。

可是由于太早，道上连行人都没有。终于见一个人，在路边等车，那原来是一个上早班的工人，我们喜出望外，便上前打听。

打听，其实有很多方法，这很关键。

鸡冠山屯路牌

我客气地问：老乡，这儿有一个造纸的地方吗？

他先是吃了一惊，他可能在想我们为什么问这个事？我也看出他的疑惑，于是连忙"降低"他的疑惑。

降低疑惑，是把你要追求的记忆目的通俗化，让对方明确你的"意图"。可是，由于一开始的询问，使他产生了怀疑，虽然，他是当地人，但又不想告诉你"真相"，因为他不知道我们找这个记忆之地的真相，于是他随便指了指对面的马路，说："上对面打听一下，那边好像有造纸的！"

于是，我们只好按他的指向去了。

可是，在那里，好容易找到一个在自家院里干活的人，我去

鸡冠山老屯

打听，他却又让我们去找刚才打听的那地方的人，说："在那边有一人。"我立刻改正了第一次打听犯的错误，那就是迅速"降低"他的怀疑，于是，没等他问我们打听这事干啥，我便先发制人地说道："兄弟，咱们是搜集东北民俗的，东北不是有句土话吗，说窗户纸糊在外，养个孩子吊起来，十七八姑娘叼个大烟袋。古时候，咱东北没有玻璃，所以窗上糊纸，这纸坊，可有贡献哪，我们想听听你们这个地方有没有这古老的来历……"

那个人一听，乐了："啊，原来是这样！"

他，于是笑了。

他的笑，说明他已经"理解"了我们的意图。

作者与关东纸匠知情人严守贵于鸡冠山屯

当一个被"打听"的乡人，了解到你要寻找记忆的人的明确目的，这其实，已经打开了寻找记忆的第一道门坎。果然，他热情地告诉我，你要回到方才那条村口，然后往上走，那儿叫"碾子沟"，在山坡上，有一个姓严的，他家从前，就是纸匠。

他告诉的，竟然如此清晰。

于是我们谢过他，立刻再返回方才出来的那个道口，再在那里，又遇上了第一次打听的那位上早班的工人，还没有离开过道边，上班的班车还没到。我们已有了明确的信息，于是又向他进一步打听"严师傅"在哪儿住。

由于我们的信息已经具体，于是他详细地告诉了我们严师傅的住处，果然就是在山坡上那家。

就这样，准确地找到了严守贵，65 岁，现在在山上开一个饲料加工厂。我见到他，不再说没用的，直奔主题，因为东北有"窗户纸糊在外"这种习俗，想听他讲讲这里面的故事。他一听，也乐了，他表示，你找的太准了，我舅老爷当年就在当地苗家纸坊当纸匠啊！

寻找关东纸匠知情人

可是，他表示，他舅老爷已经故去多年了，具体情况，人家老苗家的事，他已不知道了。

记忆的追寻，关键时刻到了。如果在这个时候，人家不知道了，你还问什么呀？干脆走吧，另找线索吧。但是记住，这时，千万不能轻易放弃第一线索人，就是他封口了，也要从这里打开寻找记忆的"缺口"，因为，有一个重要的突破口，他的舅老爷在这个纸作坊干过呀，这就等于，为你提供了记忆的深化。

人，不在了，但是记住，人从前生活的地方，往往会提供重要的记忆链接。但是，人家已封口，舅老爷已不在了。于是，我开始采取进一步的记忆"接近法"。我突然发现，他的脚下有一张木爬犁，于是我转移话题，开始说这个爬犁的手艺和作用，严师傅很高兴，让我坐上去，他很高兴地拉着爬犁上的我，渐渐地，我们已成了非常要好的"朋友"，我还问了他周边的山为什么叫"鸡冠山"。

他是一位很有积累的人，他给我讲了一个与以往的鸡冠山不同的鸡冠山［他特别阐述叫鸡冠（guàn）山］，"冠军"之意（鸡与蛇斗，鸡胜的一个故事）。

这时，我们已相当熟了，于是我感到，进一步走进记忆的"时辰"（时刻）到了，我于是提出让他领着去看看他舅老爷当年干活的地点，而且他也一再强调，那里有造纸用的"水泉"。就这样，他答应了。

其实这时，记忆的寻找，已经深化了。

一是我们找到了在纸作坊干过活的人的后代。

二是他（严师傅）作为这个记忆的唯一知情人，同意领我们去到他舅老爷生前造过纸的"地方"去。

这等于我们正式走入"造纸记忆"里了。

这是"记忆"寻找的良好的开端。果然，当严师傅领我们来到那位于鸡冠山三队之地时，突然发现，原来我们苦苦寻找的大纸碾子正在那里，那是他舅老爷当年干活的"东家"苗家留下的纸作坊遗址，而且，竟然有一段文字介绍，刻在一块介绍纸作坊

关东纸匠老作坊遗址——纸碾子

的石碑上。就此，记忆寻找拉开了序幕。

接下来，我们进一步深化记忆的具体性。

现在，除了严师傅是记忆的直接当事人外，又从纸碾子的碑记中知道，主人苗家纸坊的后人，就在离这里五里地远的鸡冠山碾子沟六队。在严师傅的带领下，我们先去见了在五队（鸡冠山村）的苗家的另一股，又去了六队直接传承人苗忠良（84岁）老纸匠家。

接下来，我在苗家召开了碾子沟村苗家纸坊记忆座谈会。

苗家的男男女女，都集中在苗忠良家的炕头上，大家你一言我一语地开始回忆。可是，由于这个记忆已有250多年的历史了，年深日久，人们还是回忆不起来多少事情，但是，有两个突出的记忆现象进一步深化了寻找。

关东纸匠后人苗忠良与严守贵

碾子沟老房

一是他们提到家族的坟地就在旁边！

二是他们提到修建这个大纸碾子作坊关东纸匠苗家陵和建陵

园的人是苗忠良和苗忠臣的老叔苗福才。这样，记忆的寻找文化工程，又等于有了深化。于是，我决定先到苗家的祖陵园去看一下。这样，在二苗（分支出去的 69 岁的苗青山和 66 岁的苗忠臣）带领下，我们奔向苗氏祠堂。

关东纸匠后人苗青山

哎呀，这个陵园，非常宏观，足足有几十座坟头，无比壮观地耸立在山坡上，青松翠柏在其内，还有苗家祠堂，我们心下一震，我觉得，一个巨大的文化主题落地了，这个有着 250 多年大约在道光、咸丰年间就逐渐形成的苗家纸匠家族的陵园，不正是可以概括为"关东蔡伦"吗？这个"主题"，瞬间在我脑海中形成。

在那一瞬间，我庆幸我见到吉林久远的纸文化历史源头——东北纸匠——关东蔡伦。叫东北纸王，都不为过。而吉林的文化史，从这又增加了新的一页。

而这，关于吉林老纸、关东老纸、东北老纸，东北文化中"窗户纸糊在外"的民俗，终于找到了真正的传人和历史背景存在地。

但是，可以看出，这又是一个濒危项目。

一是关于其家族的具体状况，包括记忆，是否能回忆起来？因为方才问那位84岁的苗忠良，他都说不出来。

二是他们家族这样庞大的历史走向，族人的许多岁月过往，根本无人去进行详细归理；就是归理，也往往只是从家族的生活方面，而不是从造纸的文化上去挖掘。这方面的工作，看来是大量的，要从诸多文献和书籍中，才能配合苗家记忆进行恢复，要重建苗家纸艺与古代东北的联系，要深刻形成苗家纸文化与古老的吉林市、松花江、长白山（当地就是小白山，又称白山乡）的地域关系，重新构建吉林重要的文化项目和文化工程。

下一步，又该如何深化？这时一个关键的人物出现了，在与家族的采访中得知，无论是修坟还是建纸碾子老作坊纪念地，都是由苗忠良和苗忠臣的老哥哥，儿女们称为"老叔"的苗福才来完成的，于是，我决定去见苗福才老人。忠臣的儿子把他老叔苗福才的电话提供给了我。

通过电话得知，苗福才先生写了一本《苗氏家族》，而且，

关东纸匠苗氏宗祠

他不惜把自己的积蓄和工资都用上，修建苗家陵园，传承纸文化，他的父亲竟然在乌拉街建了一座纸厂。这，重新打开了记忆，深化了记忆。

关东纸匠苗家陵园

作者与关东纸匠在苗家陵园

我觉得，我找到了"关东蔡伦"。

原来，在吉林省长白山的松花江上游，有一个叫小白山的地方。这里就是今天吉林市丰满区小白山乡鸡冠山下，有一户人家，这户人家可不一般，他是一个有名的纸匠，人称关东蔡伦，这个称号，一直叫了上百年。说起来，那是清光绪三年（1877）冬月的事啦。有一天，一个老人挑着担子远道而来，这老人姓苗，本是山东登州府文登县苗家庄人。那一年老天大旱，人饿死无数，老人只好领着儿子，带着家小，东渡大海，直奔长白山闯关东而来。一天，走到这里，又冻又饿，就昏倒在道上，这时，正赶上一挂送货的大车，见道上雪地里有人，于是救上车拉走了。原来，这家姓胡，是鸡冠山下一个开香坊的。

香坊，是当年东北重要的产业，主要为朝廷和民间制香，以

作者与关东纸匠在碾子沟村老房

备贡品，而那香全是来自于长白山自然植物，也被当地人称为"金达莱"或"映山红"等植物，用它的秆、叶、花来制香，民间称年息香。清顺治三年（1646），朝廷在吉林乌拉街设立打牲乌拉贡品基地，衙门将此香作为满族的贡品列入其中。当年胡家就是专门在这香作坊制香，作为贡品，也售给当地百姓年节用香。那时，这种手艺，一般人家还不会呢。可是，说来也巧，胡家救下的这伙逃荒之人苗老汉，他却会这手艺。

原来，这苗老汉在老家登州文登县苗家庄，就是开纸坊的手艺人，由于大旱大难不得不闯关东来东北，没承想被"同行"救了，于是便在胡财东的香作坊里当上了技工。当年因这年息香的生产与造纸有极其相似之处，所以这苗老汉干起来，特别得心应手。胡家见苗家爷俩都很精心，也爱这制香手艺，十分欣慰。几年之后，苗家盘下了胡家的香作坊，可是，生产什么产品呢？正好当时清廷的打牲乌拉衙门要一批老纸，于是苗家决定开办纸作坊，供应朝廷老纸。朝廷用纸主要是打包贡品。在每年打牲乌拉往京师送贡品，每一样贡品，特别是鱼，都要由老纸裹包，然后系上黄绫。

当年，松花江盛产三花、五罗、十八丁、七十二杂鱼。而进贡的鱼都要在入冬从鱼圈里刨出，然后挂冰缠纸，系绫，装车，用纸量极大。东北长白山的许多酒作坊都使"酒海"装酒，那"酒海"的糊制，全是用关东老纸，以鹿血揉制，刷在纸上，贴糊木制酒海；还有，就是东北人的老习惯"窗户纸糊在外"，没有玻璃，以纸挡风寒，这一下子催生了东北纸业。

苗家老纸

往老纸上涂鹿血　　　　　　　　酒　海

往酒海上贴鹿血老纸

　　东北造纸，自然材料丰富，长白山不但木材质地好，而且野地里的靛草、芦苇都能使用，这都为东北造纸业带来了生机。造纸最关键的是"手艺"，当年，苗家人有祖传的成熟造纸手艺，于是一下子使得这位于小白山乡鸡冠山下的造纸作坊出了名。造纸人家都养马，苗家也不例外，当年他家养了百来匹马，一是拉纸送去乌拉街和吉林船厂城里城外；二是为了拖木运木。当年，长白山里的木材从上游松花江放木排顺流而下，到东大滩，再由放排大柜将木材卖给当地的各买卖人家，这些大木、大树都要运到各个用户，全靠"套帮"给拖送。当年苗家养着马，在造纸空闲，当这些木材从江上下来时，就去拖木、送木，以便挣钱贴补纸业。

那时，苗家哥几个都是拖木好手，关键是讲信誉，所以有不少纸户（用纸的老主雇）用木也让苗家给送。苗家的马群，平时用来拖木、送木，夏天便赶到三家子和鸡冠山的山坡上放牧。本也过得兴兴隆隆，平平安安，可是有一年，却遭了大难。那一年纸作坊挣了钱，又添了一些牲口，一个叔叔带着马队去往东大滩拖木，松花江西岸，有一道岗，从小白山运往东大滩，必过那道岗，叔叔赶着马群刚过岗口，树林子里就蹿出一伙人，大叫"压连子——压连子——"

压连子，这是土匪黑话：把马给我卸下来！

叔叔哪里肯停下？于是赶着马群就跑，可是人和马，跑不过枪子儿，胡子、土匪们赶上来，抢走了苗家的马匹，打伤了叔叔和家人，从此，苗家辛辛苦苦造纸积累下来的家产，全都完了。这时，苗福才辛苦了一辈子的爷爷苗万山去世了，父亲苗子新就领着家小来到了吉林九站，开了一个杂货铺。

父亲从小跟爷爷学造纸，他的小卖铺也卖纸、糖、盐等杂物。有一次，父亲小卖店失火，他为了抢盐袋子，腰一下子被砸伤，从此腰弯了。为了家人活命，他又进长白山里去伐木、抬木、放排，什么都干。后来，父亲从长白山回来，当时老船厂的二道河子一个纸厂要开业，人们都知道父亲苗子新有这手艺，又能管理工序，外号就叫"老蔡伦"，于是来请他"出山"，于是，父亲就去了。他一出山，这二道河子纸厂一下子红火起来了。

可是当时，东北已经沦陷了，日本人占领了老船厂。

他们看中国人的纸厂生意兴隆，于是就陷害父亲管理的纸厂偷税漏税，以这个借口把老纸匠苗子新给抓进了监狱。老纸匠苗子新在监牢里吃尽了日本人的苦头，先是让他交代造纸的秘诀，然后是抄纸的技术，可父亲闭口不言，日本人就打。有时让他躺下，一躺一天，不许起来；有时让他坐着，一坐一天，不许躺下。让他"交代"纸艺，苗纸匠就是不说，天天挨打。后来，日本人倒台子了，老纸匠这才回了家。

人再穷，命再苦，可是造纸之艺，他都死死地记在心。

回到家，直到解放，他自己在家里又开了一个纸坊。当年，苗福才家在冯家屯那儿，父亲开了一家纸坊，到了国共在东北对峙。他没办法又回到鸡冠山的旧纸坊。一天，来了一伙国兵连长，住在我家院里命令我们不许出去！那时，农民没吃的，有两个农户夜里进高粱地割高粱头（没吃的，割下好度日），结果只听"咣咣"两声枪响，两人倒下了。父亲是心软的人，天亮把他们埋了。后来，拉锯结束（国共），国民党跑了，父亲又回到吉林造纸厂上班。

吉林造纸厂是全国最大的造纸厂，供应包括《人民日报》在内的全国用纸，父亲依然是抄纸大匠，但他有个脾气，他说："好汉不挣有数钱！"那时，一些小纸厂在吉林也起来了，大家都想让父亲出手，有一个同合造纸厂，财东决定请父亲大抄匠上手，让他负责管理同合造纸厂，父亲去了。一天，财东开会，当年，同合纸厂已使用电碾子了，可是，由于公私合营，一夜间，同合纸厂归公了，陈经理一夜间眼睛就看不见亮了，而父亲呢？当年厂子兴隆时，大家都很好，现在不行了，而且定为"小业主"，作坊黄了，父亲只在院子里捡回一对水桶，含泪回家了；而公家，也因为管理不善，从此停业了。

这时，家乡三家子鸡冠乡成立公德院，有个姓石的老太太没有后人，专门收留花子、乞丐，冬天住在那里，开春天暖和了，再派出去要饭。后来，老太太死了，东北的乞丐都来送她，还给她修了一座石头小庙。公私合营后，成立东源隆，他们来请父亲，再重新开办吉林纸业，当地苗师傅家兢兢业业为苗家保留下三个大纸碾子！父亲兢兢业业地干上了。转眼到了1958年，吉林乌拉街有个荣军院，镇里决定开办造纸厂，他们想来想去，只有找到吉林的大纸匠关东"老蔡伦"，才能胜任，于是请父亲出山。

和当年筹建东源隆一样，老纸匠去了。

行家一出手，便知有没有。他一出山，乌拉街老纸厂诞生了。

父亲在乌拉街创业，开办吉林纸业时，儿子苗福刚刚11岁，父亲创业常常带着孩子，小福才也愿意学，大伙都喜欢他，于是，镇政府就对父亲说："苗师傅，套一挂车，你把家拉来吧！"

可是，父亲说："谢谢你们，可多处纸厂需要俺！"

他谢绝了镇政府的邀请，又回到了区里。

那时，吉林大地到处建造纸厂，都想请他出山。他于是回到小区，又在同合老卧子上建起了一座造纸厂，一直干到 1968 年去世。从此，"关东蔡伦"的名，越传越广了。后来，民间歌谣说：

> 苗家造纸技如神，
>
> 人称关东老蔡伦；
>
> 白山松水有名望，
>
> 世世代代为黎民。

二、张纸匠

人类从走出地穴进入固定的地面住所开始，门窗就是这种地面设备的必备格局。在没有现代化的冶炼水平，不能从砂石中炼出透明的玻璃时代，人类发明了用纸糊窗。东汉时期的蔡伦发明了造纸并成为人类四大发明之一。关于东北窗户的装饰，东北人创造了自己独特的糊窗习俗，那就是闻名遐迩的"窗户纸糊在外"。

这就得有人造纸呀！

在从前，长春著名的纸匠是农安齐家、鲍家一带的张友，他在老宽城子那是大名鼎鼎的了。

张友老家是山东掖县人，清宣统元年（1909）爷爷领着他们一家子闯关东，来到农安落了脚，于是开起了张家纸坊。

张家纸坊生产的老窗户纸从前畅销长春的各个角落，就连皇宫的窗纸，也从张家纸坊进货。长春有名的老烧锅的酒篓子里的用纸，酱菜篓子的用纸，也都从他这儿买。

新中国成立后，长春电影制片厂拍电影，那些道具用的老纸，也到农安的张家纸坊去进货。

1998 年，东北亚文化博览会在日本的鸟取县召开，农安张家纸坊生产的老纸也在这儿首次展出，博得了来自世界各处人们的赞扬，因为这是真正的民间老纸。

现在每到秋天，农安的张家纸作坊还是如期的开业，只不过生产的老纸不是为了糊窗，而是为了继承和宣传这种古老的民间生产工艺。

三、纳西纸匠

这是黎明前，天还黑呢，我只身走进世界文化遗产发生地丽江古城，进去便是四方广场，一旁是古城象征性符号大水车吱吱扭扭地响着，还有晨风吹动着的纳西人祈福的木叶棚（一种青藏高原树的叶子，干后巴掌那么大，当地人和游客喜欢在上面以东巴文写上祝福的话语，以红线拴上，挂在祭祀祈福棚上），那木叶棚已拴挂了成千上万只木叶，晨风吹动，发出轻微的嘤嘤响动，与水车转声形成微妙的动静，仿佛是青藏高原的摇篮曲，对着水车、木叶棚便是一座高高的灯箱，黑暗中它依然亮着，四面灯的屏幕上回放着白日里记录下的游客的欢声笑语的画面，让人四处寻找着笑声来自哪里。左侧便是青藏高原横断山脉最东端的玉龙雪山，晨曦里，它被初升的太阳从后面照射得顶峰发出微微的光泽，天空如雪山显得神秘庄严，我顺着左侧的石路沿着发出水声的河走去。

我按着昨天当地人的指点，进古城，找店铺，循着河走便可到达，后来我又发现一个秘密，由于城里房多桥多，有时根本看不着河，但是你可以听着河的淙淙的流水声，那便会万无一失。我要去的是新义街密士街 8—1 号，一座纳西人的纸作坊，我要去听听纸匠的故事，说起来，简直是一个缘分。

丽江古城包含了四千多家店铺，那天，我们"边疆不再遥远文化论坛"的参会人员参观古城，眼前尽是店铺，一家挨着一家，所谓的参观，完全是在导游的带领下"一走一过"，而且会务组的人还在参观的队伍最后留下两个"收巡"人员，关心我们别掉队，别走丢了，我就属于"掉队"那伙的。因我好奇，总想仔细看看，但走上一会儿以后，也就觉得千篇一律了，于是便寻找一些没有见过的能代表当地文化的店铺，当来到距离古城大石桥不足一百米的小河左岸时，突然，一个匾牌映入我的眼帘——东巴纸坊，不知怎么，我的脚驮着我，一步便迈了过去。

这是一座典型的纳西族造纸老屋的格局，一进去是个天井式的洞，两侧摆放着层层的以老纸印制的各类纸本，头上的空间，高高地悬挂着造纸用的古老的树皮，制作的灯光照耀着这些在风中摇动的树皮，给人一种远古岁月的联想，进去就是一座不大的四合院，左手是一面以造纸用的材料编织的纸墙，那些材料陈旧而古老，尽显纳西纸业的沧桑；右面除了一些旧的老工具、石槽、捣浆的木架、抄纸的木槽、晾纸的木墙、捣纸用的踏板，还有蒸纸的古老的锅灶……

原来，这是一座纸匠老屋哇。

接待我的是看护这个老屋老作坊的纳西人张陶陶，小名叫小宇，他看我很感兴趣，便告诉我，老屋的真正主人叫布鲁斯·里，他远在云南，要想知道老屋的事情，只有找他。

"只有找他吗?"

"对，只有找他!"

小宇的话，使我眼前一亮。小宇的话说得肯定，使我觉得我孤身一人悄然离开参观队伍，失掉了许多参观机会，我仿佛觉得我好像哥伦布发现了新大陆，我明确认定，我一定要找见布鲁斯·里。布鲁斯·里是谁呢? 他为何要在茶马古道上的丽江坝子构建这样一座古朴而独特的东巴纸坊? 而他为何又不在这里，把这里交给年轻的小宇，他却在云大做教授? 他为何……

一连串的"为何"，也使我看到了丽江古城那些一家挨一家店铺精湛背后的秘密，原来，这些灿烂的人类文化遗产背后，往往都有高端的专家学者们在后面日夜思考着文化，为这珍贵而古老的遗产把脉，这才使得丽江遗产永远高端、地道、老实、朝前。于是，我愈加想见布鲁斯·里。

终于，我如愿以偿啦。

我从东巴纸坊回到房间，很快便接到了布鲁斯·里的电话，这才得知，这个布鲁斯·里原来是云南大学文学院的张教授，多年来，他一心要保护青藏高原上纳西族的老纸文化，于是他开始了漫长的抢救、保护、搜集、整理纳西造纸的古老技艺过程，他带领他的学术团体，一头扎进了青藏高原的横断山脉，扎进了云南香格里拉大峡谷、德钦、迪庆，经过盐城、阿里，直到拉萨，终于将古老珍贵的纳西造纸技艺，保护下来了……

此次在丽江，我见到他在这个世界文化遗产之地，已将纳西造纸文化完好地保护下来了。原来，纳西造纸，有自己完整的过程和精湛的技艺，是真正的人类文化遗产，而且，已产生了名扬世界的东巴纸。

这种纸原料采用的是丽江海拔高达 2400—3500 米高原上，被纳西人称为"弯呆"的灌木树皮，以及丽江金沙江河谷岸被纳西称为"糯窝"的乔木树皮，经过东巴家族工艺制作而成。那些过程，今天看来，依然十分古老传统，经过备料、剥皮、蒸煮、漂洗、捣碎、捣浆、砑光、抄纸、晒纸，最后成为纳西的东巴纸。

东巴纸坊

东巴纸作坊造纸工具——纸帘子

东巴纸作坊造纸工具——纸墙

东巴纸作坊造纸工具——纸浆桶

东巴纸作坊造纸工具——绳头子

东巴纸作坊造纸工具——老线团

东巴纸作坊博物馆之造纸过程

四、芒团纸匠

中华民族四大发明之一造纸术曾经是人类文明的灿烂成果，远在汉代，蔡伦被人们推崇为"纸圣"，可见人们对造纸工匠的尊重和喜爱。如今在中国的民间，还有这样的造纸地方和人物吗？除了丽江之外，在云南，一个名叫芒团的造纸村落，其古朴的造纸技艺和生动的造纸文化至今依旧存在着。

芒团，属于云南耿马的孟定镇，傣语为"埋团"；芒，为寨子；团，指团树；芒团指有"团树的地方"。处于耿马地方的孟定是我国西南边陲的黄金口岸，是云南国际大通道的主要枢纽。这里历史上开发建设得较早，《元史》记载，至元二十六年（1289）设孟定土知府，明万历十三年（1585）析孟定府设耿马安抚司，清康熙二十三年（1684）升为耿马宣抚司，耿马城为罕氏土司建置衙署所在地。

土司制度是中国历代朝廷为管理我国西南民族生活生存发展的一种方式，耿马土司在数百年的政治、经济、文化的统治和管理历程中，创造了自己的制度和方法，如当年土司可以根据他们对村落的自然、历史和文化情况的了解，指定某某村落为不同的产品、物品、贡品和生活用品的生产基地，仅以孟定来说，土司就规定了波广为宴席村寨；允向为打铁村寨，专门打制镰刀、砍刀、锄头，等等；孟库，为酱菜村落，专门给土司和头人腌制咸菜、酱菜；而河边寨专门制糖、造糖；还有什么"土锅寨""帽子寨""绸缎寨",等等;而芒团,便被选定为专门造纸的村子了。据介绍,土司所指定的这些村寨,都是根据各村寨的自然情况所决定的,具有科学性和生活的特定性,往往是有一些老手艺人如波广"宴席寨",他们有几个专门会做傣菜的老厨师,这样便促成了这种村寨的诞生。

在芒团造纸村落这个安静而美丽的寨子里,家家的院门口都挂着一个小木牌,上面写着其家主人的姓名,传承造纸的年代,还有傣汉文相互对照的"造纸专业户"字样和编号。据介绍,芒团共有村民162户,而其中62户被确定为"专业造纸户",保留下来的造纸人家占全寨人口的三分之一以上。每天的上午9点左右(因孟定靠近北回归线,天亮得晚),各家造纸户便开始"抄纸""捶泥""晒纸"了,家家都在忙碌,就连空气中都飘落着"白锦纸"的芳香,村口广场上专门设了一个为游人观看演示造纸工程的重要环节——抄纸(从水中捞纸)和晾纸的地方,旁边就是芒团"白锦纸博物馆",专门供来客参观和选购。那一帘帘在明亮的阳光下闪着洁白光泽的老纸配上傣族姑娘鲜红的筒裙,红白相映,美丽绝伦,为这个民间造纸之乡蒙上了一层神奇而神圣的面纱。

芒团造纸寨子所造的纸被称为"白锦纸",也叫"构皮纸"。我们知道,我国的民间老纸有几种古老的品牌,一个是新疆的桑皮纸,它曾经活跃在古老的丝绸之路上,沟通了中西方文化的久远历程;一个是藏纸,主要流传在青藏高原喜马拉雅山、雅鲁藏布江及四川、甘肃等地，是寺庙抄写藏文佛书的重要材料；宣纸流传在我国湖广、江浙、福建一带，以竹子为原料，成为文人学士们书写使用的上等用纸；而产于我国东北、内蒙古一带的老麻纸，则在久远的岁月中糊在人家的窗子上，成为"窗户纸糊在外"的民俗载体，抵挡着北土寒冷的风雪，让北方的各民族生活下去；而云南的"构皮纸"，质地绵软，色泽白净，手感极佳，被称为"白锦纸"，多用于书记文书、佛经、包糖、包茶、捆扎钱币的带子等，是我国西南各族人民生活中不可或缺的材料。由于构皮纸具有柔韧、洁白、能防虫防蛀的特点，久存不陈，是绿色的环保材料，备受各个时代、各个阶层的人所喜爱，如土司时期，衙署公文用纸，民间祭祀时的扎彩祭品，民间剪纸，刺绣花纹图样，几乎生活中的方方面面，都离不开"白锦纸"，傣语称"洁沙"。

构皮纸的生产和制作过程十分繁杂有序，要经过十几道工序才能最后完成。第一道工序是采料，造纸村落的人要先上山去将生长了三至五年的构树伐下来，然后扒下构树皮，将其外表的黑皮去掉，然后挂在树上晒，这就是最初的造纸原料。

接下来的第二道工序，称为浸泡（又叫泡料），是指将选好的构树皮放在有落差的河水中顺水流堆放，让水流去杂质，并浸泡树皮，将其泡软、泡白。然后进入拌灰工序，又称"拌火灰"，是指将寨屋里的火塘中的柴灰取出，掺拌在浸泡的构料中，然后揉搓，让灰中的碳质将构树皮纳软，沤白，渗入其纤维，融入质里，称为拌灰，起到碱的作用。

第三道工序——蒸纸。蒸纸是细活。将构树纤维用筐装上，抬进锅里，放在灶上，加热蒸煮。这种加热，已使构树的纤维变细、变长、变软、变白，经三至五个时辰的蒸煮，然后放入缸或池中进行漂洗。漂洗时，要捣动，称为"捣浆"，就是不断地以"捣笓"上下、左右搅动，也称为"打浆"。打浆后，再经过一夜的沉淀，便可以将浆水舀进池子里，每个浆都打散、打烂为好，这时搅匀后便要"抄纸"了。抄纸，是重要的细活，技术性很强。抄纸匠要双手端一个帘子似的东西，俗称"抄帘"，按入水中，然后手腕由外向里一抖，便立刻慢慢起帘，然后将"湿纸"扣在一张同样大的木板上，一张构皮湿纸便形成了。这时，专门有人将这张"湿纸"搬到阳光下去晾晒。

芒团一带阳光强烈，气温很高，大约晒至半天，一张洁白的白锦纸便紧紧贴在上面了。而这时，纸匠要用碗在纸上轻轻滚压，称为"压光"，使纸上的纤维更加紧密地组合在一起，更加的平整、厚实而又成张。接下来，就是揭纸了。揭纸很讲究手艺。要用纸刀轻轻地从纸板的一头揭开，然后慢慢地顺次揭起，不能快，也不能急，劲要均匀，力要始终，这样，一张白白的构纸就成功出世了。

非常奇特的是，云南芒团傣族造纸村落的纸匠都是女纸匠。为什么会是女人呢？原来，在云南的傣族村落，男人们往往上山外出干些粗活、重活，而造纸，特别是泡料、晒料、抄纸都是些精细活、技术活，寨子里的女人往往手巧，于是一点点地便形成了女子当纸匠的风俗。因为，只有会"抄纸"（捞纸）才算纸匠。但是平时，寨子里的选纸人家那些取料、捶料、打捶、送货等力气活，依然是由男人来做，不过这个"纸匠"的名称却落在了女人的头上。

在芒团，造纸是被人高看一眼的手艺，特别是抄纸、晒纸，适合女人去做，而且一个村寨都造纸，就形成一个独特风景线了。各家的院子里都搭着晒纸的架子，一帘一帘的白纸立在那里，十分的美观，一点点的，女人们也热爱上这种活计了。

在这里，时时传出捣纸的声音，"噔——咯！噔——咯！"那是人们在房檐下捣纸，木槌碰在石头上发出的声响，声音往往传到对面的墙上，再返传回来，便产生了这样的回声。其实，造纸本身也是一首歌：

噔——咯！

噔——咯！

男人干粗活，

女人干细活。

造出纸多多，

村人乐呵呵！

其实，云南的普耳茶也是借用了芒团构皮纸的名声在弘扬着自己的文化名声。相信用不了多久，芒团便会成为人们来到云南必去的一个去处，因为那是一种绚丽民族文化的召唤。

造纸户门牌

砸　纸

浇　纸

揭　纸

一、纸作坊主要人员

（一）东家

他是投资开设这个纸作坊的总东，说了算的人物。他往往是地面上有些钱财或积蓄的人物，到了夏秋一看有原料，干脆开纸作坊吧，于是四方去邀人，投资，开工。家里也是有大院套，可以拴马放牲口、堆料什么的，没场地不行。

东家开工前往往先请"劳金"。

劳金也指干活吃饭挣钱的手艺人。

劳金又分"生劳金"和"熟劳金"。

生劳金是头一回被东家招雇的伙计；熟劳金是原先在这个东家干过活的人。如果正月的双日子不见东家来"请"，就说明被东家开除了。

（二）大纸匠

大纸匠往往是指"捞匠"，又叫大捞工。其实造纸主要是要会捞，就是当纸浆在池子里打完线，舀到纸箱子里过滤一夜后，第二天"开捞"。好的纸匠会使腰劲儿和腕子劲儿，往往比不会捞的能多捞出五分之一的纸来。这足见差距之大。

会捞的能从纸箱里捞出上等、头等纸来；不会捞的能把上等、头等浆捞成下等纸、劣等纸。于是每到纸作坊开工前，掌柜的往往四处寻找大纸匠，有了大纸匠，这个纸作坊才能出好纸、卖大价。

而大纸匠的工钱也是头一等，往往比小打们多五倍到十倍。平时吃饭他在"小伙房"，单开灶，别人都在"大伙房"，他和掌柜的单吃。

平时他不干活，只在作坊里走来走去，有时说说笑话，逗逗别人。一到"开捞"，他才聚精会神地往纸箱（一种盛了浆水的池子）旁边一站，一干就是一天、两天，不动地方，不说话不分神，这才真叫劲儿。

（三）二纸匠

二纸匠是纸作坊里的二号人物，他技术活一般，主要是管理作坊里里外外的一些事务。如原料的堆放、马匹的拴喂、蒸纸时火候的大小、来人去客人员的搭配，等等。这人要有眼力见，不能弄得作坊里乱七八糟。否则，说明二纸匠无能。

有时纸作坊的环境影响老客的情绪，甚至得罪了重要人物。

于是后来，纸作坊中的二纸匠也成了十分重要的人物，他一定要管理好原料，不能乱堆、乱放，要规规矩矩地摆放好。当然，大纸匠也得和他搞好关系，因他管着纸匠们，弄不好他一煽动纸匠和他过不去，大纸匠也不好办。

（四）纸匠

纸匠是纸作坊里的一般伙计，也就是力工，也叫"小打"。他们往往有分工，如磨上的、碾子上的（指压板）、灶上的（如蒸纸），还有压杠的力工，等等。这往往是技术加力气的活，所以纸匠很难当。往往是当地的农民，把地里的庄稼侍弄好，抽空去当纸匠的。

（五）晒纸匠

晒纸匠是负责把"湿纸"晒干的人员。这人要细心、勤恳，而且每天要早早起，主要是管理纸墙。纸墙又叫"风墙"。

当纸从箱池里捞出、压干后，第二天早上晒纸匠要把"湿纸"推到风墙里去，然后一张张地贴在墙上。这种风墙两边走风，上下走风，使纸既不晒着又能被风均匀地抽干。

风墙宽四尺八寸，有的五尺左右，上边用庄稼秧棵盖上，刮风天放下，下雨天放下，晴天拉开。风墙有闪檐，往外三寸，晒

纸坊纸槽子

纸匠在风墙里打纸垛子。

　　纸垛子每垛之间差一寸，立砖垒的，让其风能顺畅通行，把纸吹干。如果天好，有风走过，不到一小时纸就晾晒好了。这都是晒纸匠的活。

　　晒纸匠一个人管三个纸洞，一个纸洞可贴 48 张纸，上下两溜儿。这个活往往是纸作坊掌柜的家属或外雇女纸匠来干。

二、生产过程

(一) 碾料

做纸首先要碾料，就是先要把原料粉碎，往往是蒲棒草、苇子、绳头子等东西，用刀切碎些，然后用碾压烂，或用石锤砸烂，然后收到一个大石碾子里，俗称"碾料"。

这种大石碾子的碾盘是一个立起来的槽，碾子立起来可以使碾子受力大，有挤力。

往碾子里放原料前，先要把原料洗净了。

放进去后，再加水。边压也是边洗的过程。当洗过原料后，往碾槽子里放白灰（生石灰），这白灰要是块状的，要一大块一大块地摆在碾槽里，往往是一百斤料坊末子放十四斤石灰。这叫"洗碾子"。要用石灰把料洗净，捞出来后，再放到另一个碾子里。不然纸里有了气灰，就再也去不掉。这叫"浆碾子"。

倒进凉水后，用二齿钩子将料泛开。然后用马拉碾子使碾子转动。大约过十分钟，料麻的混水就会顺着碾盘的槽眼淌出来。

麻不许捞，只能"淌"。

当从碾槽里淌出的麻水，流进一个池子里，然后纸匠便起麻。

（二）起麻

起麻，就是把淌进池子里的麻捞出来，装进一个个大耳朵筐里，让水控尽，形成一个一个的"坨子"。

然后把"坨子"往锅里抬，上去蒸。

起麻时讲究一层层捞起来垛好垛实，不要使丝条横放，要摆顺、码齐，使麻都形成湿乎乎的团，然后开蒸。

（三）开蒸

蒸纸的是一个大锅台，灶坑里烧着旺旺的火，灶上的锅里烧着翻花的开水，一个大铁帘子上坐着一个转圈箩，纸匠开始把"麻坨子"往大铁锅的转圈箩上垛。从第一层开始，一直垛到一人多高，这时要开压。

开压，是把纸垛子码齐，不要有空隙和缝儿，四个人，上下左右地压，再用杠子来砸，使其不透气，能全上气。

小伙子们往往"嘿哟！嘿哟！"地喊着，一层层地压水。

压完了水，就扣上屉罩，然后开蒸。

开蒸时注意，一定要保持全上气。每当全上气时，麻锅就会飘出一股味道，有些酸，又有些甜丝的，十分的诱人，这时才能算是"蒸好"了。

麻纸蒸没蒸好，全靠鼻子去闻。

这时，管蒸纸的老纸匠早把自己抽的烟掐掉了，他猫着腰，在锅台前走来走去，鼻子不停地抽抽搭搭地嗅过着。这种锅台，在地的当间儿，往往两三个大锅同时蒸。为了调整灶里的火势，他要不停地喊：

"加桦子!"

"撤桦子!"

小打要完全听他的。什么时候算蒸到份儿，全凭纸作坊技术大柜一句话，而这个大柜，全凭他多年的经验。他说一不二，别人不敢插言。从前，关东民间农安齐家纸作坊的大柜，还有鲍家纸作坊的傅胜春大柜，都有一套判断蒸麻是否到份儿的绝招，就是靠"嗅"。

蒸麻时，小打们把一抱一抱柴火或一背一背大桦子，堆在灶坑前，低头烧，大柜不说停，就得加火。

直到他从蒸气飘出的味儿里嗅出了上述的酸酸的、甜甜的味儿时，他才发出最后的命令："好! 不用烧了!"

"撤火吗?"

"撤!"

或者喊："住!"

于是，人们立刻把没烧完的大木桦子拖出来，如果火还不熄，就往灶坑里洒凉水，把火浸灭。

蒸这一锅麻，往往是一千五六百斤的料。而烧的桦子往往有二百四五十斤；如果烧煤，得用一百一二十斤左右……

（四）开压

蒸完后还要压，每一个纸匠都知道，这是一项极细的活计。民间称为"开压"。

从锅里抬出的麻还要送到另一台碾子里，碾子也是那样带立槽的，碾子还立着走，边压边放水搅。

搅完再捞出来，一坨一坨地摞起来，用力工使绞杠去压。主要是排尽水。压不好，纸的质量就出不来。压完后，纸坨子是灰白色的。

这时，麻水已经看不着毛了，水就像是豆腐脑儿一样了。那种大碾子槽又宽又深，一碾沟子麻能有一千多公斤。这是很费水的活计，边压边洗。从前，纸作坊一开压，几个小打轮流挑水，大桶半人多高，紧赶慢赶还不够使。

所以纸作坊必须离水源近。

边洗边换水，直到使麻水的白度像新棉花一样才行。洗好的麻水，要让其流进"线"里。

（五）打线

"线"，就是一个池子。

但这个池子不叫池子，而叫"线"，也叫"打线"，一般的纸作坊都称这池子为"线"。之所以这么叫，是因为接下来的工序是"打线"。

传说这是从前老祖宗留下的一种造老纸的生产方法，使"打线"这个活别具一番风味。

打线的人，手拿一个二尺半长、顶上带着一个弯、还带个抹茬的一个东西（也有叫"沙拉子"或"沙拉刺"的）开始打线。

打线是累活，固定要打 3600 下。

一听说纸作坊要"打线"了，前村后屯的大人小孩、大闺女小媳妇都赶来看热闹。这时，纸作坊的大院子里，打线的纸匠们一人一个小棍，围在那一个一个"线"（池子）旁，共同挥动手中的工具，"唰唰""沙沙"地打线。

那是一种奇妙的音乐。

那是一种无法形容的韵律。

沙沙、唰唰，轻轻的齐整的声音，飘荡在北方无垠的原野上，给关东的天地增添了无限的美感。

纸匠们在忙，老乡们跑来跑去地互相喊着："走哇，纸作坊打线啦！"

"看看去呀！"

那是一种很有趣的场面。

经过打线沉淀一宿的水，第二天开始捞。

（六）开捞

捞纸是大技术纸匠的功夫活儿，讲究计件。

俗话说晒纸容易捞纸难。捞纸要讲究手劲儿、心劲儿，还要有好体力和好技术。在池子旁，捞纸的一站就是一天，要一帘子一帘子不停地"捞"。那捞纸帘子很大，双手要端平，一偏，捞出的纸就薄厚不均，不是上等纸了。技术要求很高。所以纸匠们都很辛苦，正如他们自己的歌谣所说的：

纸匠纸匠真够呛，

寒冬腊月睡不上热乎炕。

一年到头水里泡，

到老啥病都坐上。

造纸匠一年能干七八个月活计，早春和一到霜降，天凉杀冷，拿不出手就不能干了。再说，天一变，纸也不易干，所以春冬停活。

而造纸最关键的一道工序就是捞纸。捞出来，才是纸；捞不出来，是"废水"。这道工序一开始，掌柜的往往经常跟在一边，并给捞纸的大工匠改善伙食。

纸从池子里捞出来，在帘子上一张一张揭下，然后码在池子旁，当够一定数，就用"压码"压上。

压码是利用杠杆原理制成的一种挤压工具，一头拴上大石头，使另一头增加压力，把压力过在另一头木板上，木板上是捞出的从帘子上揭下来的纸。

这样一压，第二天早上基本上干了，但还是潮乎乎的。

于是，小打用小车子把纸推到"风墙"里去晾晒。

捞　纸

（七）晾纸

晾纸又称晒纸，是指把湿纸用自然的方法晾干。晒纸得在"风墙"里进行。

小工把纸一张一张贴在风墙上，让纸去自然风干。风墙是一种特制的房子，能调节风和阳光，如果天气好，几袋烟的工夫纸就干了。

一、纸作坊老规矩

纸作坊是由"捞纸匠"组成的一种生产劳动集体，他们往往自觉身份低微，怕被别人看不起，所以自卑感很强，而且在自己的"伙子"内，有极严格的规俗，那就是一个作坊的人，向着一个作坊的人，不能自己看不起自己。

从前纸匠行有句俗话，叫作：

纸匠关里关外走，

只带着自己两只手。

意思是有这个手艺，走到哪儿，一提就能吃饭。

可是对于纸匠，要知道师傅说师傅话，徒弟说徒弟话，不能不分里外、大小、上下、尊卑。这叫"开事"。要知道自己是打什么家伙、吃哪种饭的。

比如一个纸匠来到一个地方，先问懂行的人："这街哪有纸坊吗?"

"南街有。"

"我上南街。"

他不能和别人多说什么。这叫不知者不言艺，要拔腿往南街纸作坊走。

到了那儿，一看纸作坊的哥几个都干活呢，就要报身份。

报身份，不能自己公开地说自己，要"艺"说。

这艺说，是指说得巧，说得谦虚和地道，说得在行、在伙。

如果来者在别的纸作坊是当"大纸匠"（师傅）的，来者开口要问："哥几个，师傅好!"这就报明了自己是"大纸匠"。

如果来者在别的纸作坊是当"小伙计"（徒弟）的，来者开口要问："师傅都好!"这样，大伙也就明白了，你是小徒弟。

接下来要"交代"职业。

别人往往问："在哪儿发财?"

回答要说："水中取财。"（指造纸）或说："水中捞财。"别人会说："坐坐! 快快! 烧水倒水。"这是承认来者是一伙人、一行人、一帮人，也是在考虑帮你了。

在纸作坊，对于来找活的人，他们这行的规矩是有活也不让你第二天就干，而是先"拿拿威"，就是先压压来者的威风。其实也是讲述自己这一行的不容易。

于是，开始细盘。

细盘，就是盘问，往往由大纸匠来问。

"从哪过来!"

"在××。"

"贵姓?"

"姓×。"

"在哪出徒?"

"关里……"或什么地方的纸作坊。

"师傅哪家?"

哪家哪家，等等，回答完了。

大纸匠说："你先歇口气，然后吃饭吧。"

让你"吃饭吧"，就是初步允许你可以在这儿干活留下来了。然后告诉伙房，来客了。

从前纸作坊分大伙房、小伙房；大伙房是纸匠们吃的一般伙食，而小伙房往往是大纸匠、二捞匠、老客或账房、掌柜的什么人物吃饭的地方。而每当有来投靠的纸匠时，往往大家一起在大伙房里吃。

每当饭做好时，来者要先去喊人。只不过由师傅出去说。进了纸作坊，来者往往说："师傅哥哥，吃饭了!"

这时大纸匠往往说："兄弟，一块儿过去吃吧。"

开吃时，不能随便动筷，尤其你后来的人，要等每一个师傅、徒弟都洗完手了，坐上炕了，都来差不多了才行。

这时，来人要先说："哥几个吃饭!"

大伙说："吃吃。"这时你才能动筷。

吃完了，人有走的，有不走的。

而来人不要动。

来人要问："哥几个吃好了？"

"吃好了。"

这时，如果这个纸作坊掌柜的要留你，他往往支使小打说："把这位兄弟的行李搬下屋去！"这样来者就知道是有门，先歇着，明天上作坊。于是他会谢师傅，扛上行李卷下炕去。

如果师傅本不想留你，他往往这样问："你还想待几天？"

这句话一出口，对方要立刻明白，不能再求了，求也没有用；人家这是人手够，不打算收留你。这时你要知趣，脸上不能表现出不乐意来。并回答："不待了。我出来已有些日子了，道上钱花短了，只是求哥几个帮帮看，我上江北……"

师傅点点头，开始考虑帮你。这种"帮"是指帮你几个盘缠钱，而不是留下你在作坊里干活。

师傅往往问："你说，你拿多少？"

来者往往说："多少是师傅的情意……"

于是，纸作坊的师傅（往往是大纸匠、二纸匠、大捞匠、二捞匠）每人五块，这也不少。于是打发那人走了。但往往是这样，他走后，这钱还是由柜上统一起来。只不过由师傅出面去说。这是作坊里的老规矩和老风俗。

如果留下了来者，来者头一天一大早要起来，把师傅、徒弟们的尿罐子给倒了，又麻利到作坊去喂马、查作套、烧锅、备料，要勤快，眼里要有活。头几天不能提出钱和吃什么的，一切要听纸坊老纸匠的。

在一个纸作坊，老纸匠往往有绝对的威信。

老纸匠走遍天下的纸作坊，都是吃香的喝辣的，而且说一不二，往往还能改动规矩。因为纸匠们都听老纸匠的，他说给掌柜的拿下就拿下。当然，这纸匠不但"活"好，嘴也得能跟上；熊不行；人品和德行都要上讲。他团结全体纸匠，掌柜的怕他。

有一年，农安的王家纸坊就有这么一回事。有一天大伙正干活呢，从外边进来个人，一问一答知道是宽城子的一个大纸匠。于是王家纸坊的大纸匠问："兄弟，宽城子的纸价涨没涨？"

"涨了。"

"一匹涨多钱？"

"一匹涨三毛。"

"那行。你先到下屋喝口水，一会儿咱们到东门外的饭馆子，大伙会齐。"这叫"行家对行家"，不捧你也得捧你个钱，捧成个"规矩"。

宽城子纸匠说："好！我先下去。"

王家纸匠说："今下黑到东门外饭馆子。"

下黑，大家都在东门外的饭馆聚齐了，先每人上了一碗茶水，大伙坐下"通鼻子"（研究），并派人把东家王掌柜的也叫来了。

王掌柜来后，一进屋，就见纸匠们一人端一碗茶水，见他进来后，一个人（往往是大纸匠）用手指在水里点一下，然后往外一甩，就知道这是要吃"犒劳"啦。

吃犒劳，是指纸作坊的纸匠们要改变一下生产或生活的意思，而且是"逼"掌柜的必须这样做的一种集体的举动。

于是，大纸匠对掌柜的发话了。

"掌柜的，油、粮都涨了……"

"是涨了，但咱们过去给你们的也不少哇。"

这时，大纸匠给宽城子纸匠使了个眼色，说："有远有近的，比比也中！到底咱们该多少…"

于是，宽城子大纸匠要立刻站起来说："涨个三四毛的都行。你掌柜的不易，纸匠们也不易，大家多点少点不挑。哥几个再看看吧！"

这时，所有纸匠都静静地喝水，不动声色，单等掌柜的发话。沉默就是一种逼迫，往往等不上几分钟，掌柜的就会说："那么地吧，你们哥几个对对光，看看涨多少。"

这时，宽城子纸匠看一眼农安纸匠，往往说："掌柜的，你看呢？"

"要不一张纸涨三毛吧！"

"中啊，就那么地吧。"

于是，所有的纸匠都端起碗，一口把茶水喝净了。于是立刻通知饭馆子"吃犒劳"。

如果这一天是五月三号，那么下一年的五月三号这一天，这个纸作坊也要"吃犒劳"。而且吃的东西要一样，当然也在于赶了，如果赶上馆子有驴肉，别的可以没有，驴肉不能没有。这是吃犒劳的规矩。

而且，这种靠宽城子的纸匠来给大伙涨的劳金，开支头一个月，大伙要给宽城子纸匠和农安纸匠一半收入，这叫"吃犒钱"。也是涨工钱的辛苦钱。

在纸作坊，纸匠们非常讲究年节或平时吃犒劳时饮食的改变，年节初一和十五必须改善伙食。往往是初一十五馒头、花卷，炒两个菜；过年时要八六二席，就是八个碟子，六个碗，两个大件，指鸡和鱼，有一点改变都得征求大伙的意见。

往往是过年前，掌柜的和大纸匠说："哥几个，快过年了，头几个月就出去卖纸的人也回来了，人都齐了，可是过年的菜里就差黑木耳。大伙看看填个什么呢？"

大伙往往说："掌柜的你看着办吧，填什么都行。"

掌柜的这时自个儿决定还不行。掌柜的往往对伙食头儿说："你看着办吧。"

大伙又说："你看着办吧。"

这时伙食头儿往往说："填个烧鸡吧。"大伙往往点点头说："中中！"于是，伙食头子瞅一眼掌柜的说："就使烧鸡吧。"

这个规矩从此定下了。

在这种时候，只能往高了定，不能往低了定；如没有黑木耳，填个炖豆腐，那不行。但有时也是掌柜的为了讨好纸匠们，或一年到头了，要犒劳一下纸匠们，故意做出的改动。但只要这个规矩定下来，从此再过年，就是有了黑木耳，这个烧鸡也得填上。这是规俗。关于加犒劳，改善伙食，在每次蒸麻的时节一到，纸匠们对掌柜的说："明儿个蒸麻了！"

掌柜的立刻通知伙房："明个蒸馒头，炖粉！"

往往是大白面馒头、白菜猪肉炖汤粉。

比如秋天瓜下来了，必须让纸匠们可劲吃，不让吃，他们可就不好好干活。而且纸匠们往往起大早干活，不让吃他们往往上瓜地自己去摘，这样不但耽误活计，而且还会祸害你的瓜地。

但吃只能吃四回，多一回也不行。这叫"有再一、再二，没有再三、再四"。如果真的多一回那得说明白了，为什么多，为什么加。因为纸匠的规矩是一加今后永远加，而且只加不减。这个规俗谁也受不了。

纸作坊的规矩是开工的头一天，不干活也挣钱，因为这种活是季节性的，通知谁来，人家得先把自家的活处理处理，还要到纸作坊来收拾一下场地，等等，所以虽然没开工，也等于生产了。

纸匠往往只干三个月左右的活，如果这期间你有事或家有事，想歇一歇，必须打"替工"。因你歇，"线"不能歇。

打替工就是要歇的人自己去找人替，往往对要找的人说：

老纸古画

"××师傅，我想歇一个月。"

对方往往说："歇吧。"

"你明天来?"

"行。"

第二天，替工来到了纸作坊。

这时，掌柜的让替工收拾收拾炕面子，收拾好睡和住的地方，晌午去买菜，下晚招待一下替工。

至于原纸匠自己找了什么样的替工，掌柜的不能不满意，因为这个替工是你选的纸匠找的；如果这个替工技艺方面有什么不行，你掌柜的也只能在下一个季（季节）不找那纸匠了。所以一般的纸匠找替工，往往都要找和自己的技艺水平、人品相一致或差不多的人员，不然也害怕下一个季人家掌柜的不"请"自己了。

到了一个月，那个歇闲的纸匠回来了。

这时你不能撵人家，而是要客客气气地说："××师傅，今个晌午我请你吃饭，咱两炒几个菜，喝点吧。"

于是人家也就明白了。

这叫纸匠会说话，自己刀能削自己的把。

在纸作坊有一句俗话，称为"打线打孔丹"，其实讲的是一个纸作坊的规矩和禁忌。

沤麻造纸，是必须要"打线"的，这打线是指把水里的麻疙瘩抽打开，正好罚打结合，两不耽误，真是巧极了，于是，这个规矩从此便传下来了。

黎邦农先生在《宣纸传说》中详细记载了纸作坊的一个规矩，就是干什么事不能背着掌柜和纸匠，有话讲在明处，有事大家商量，不能私自做主，不能独往独来，其实讲的是一个团结的道理。

在纸作坊里，纸匠们还有一句俗话，叫作"单日子没饭吃还好办，就怕双日子没饭吃就玩完"，说起来，这是纸作坊的又一种规矩和禁忌。

原来，纸作坊有个老规矩，纸匠过年只过一天，三十过大年，二十九那天由掌柜的招待大家吃饭，到三十早上有家的回

老纸家谱

家，没家的住店，掌柜的就不管你了。

　　什么时候用你，用不用你，这完全要等到正月十六、十八或正月二十。因纸作坊开工的日子是双日子，往往在这样的日子的前一天，如果掌柜的决定还用某某某，就会打发人到客店里或家里，对"歇工"的某某某说："劳金好吗?"

　　"好。"

　　"东家请你去……"

　　"什么时候?"

　　"明早上过去吃饭。"

　　于是，小打走了。

被"请"的这位就乐了。说明掌柜的看上他了，明天早上可以上工了。

那些不被东家来"请"的还要等，往往等到正月二十或二十八，如果还没人来"请"，你就赶快自谋生路去吧，没戏啦！这一是说明你点儿背——运气不好，二是也可能说明你在东家纸作坊干活时不好好干活或说三道四了，所以现在不邀请你了。

所以，一些歇闲的纸匠为了讨个吉利，往往蹲在旅店或客栈里等，可是如果不来人，他们就挨饿，但无论怎么饿，哪怕是两顿饭攒一顿吃，也要吃在双日子这一天，这表明总会有人来找自己，以图讨个吉利，这叫"好事成双"。

这种习俗在纸作坊的流行，也表明了中国民间劳动力的过剩，人口多，而劳动就业的机遇少，于是民间传统观念中许多闲暇下来的手艺人就制造出这样一种习俗和禁忌在民间流传。

二、纸作坊歌谣

（一）许大马棒

许大马棒，

李大马棒，

东一趟来西一趟；

黑间找不着宿，

地垄沟是炕；

走了一溜十三遭，

活还是没找上；

穿的还没有，

吃还吃不上，

真是一个熊纸匠。

纸匠是个技术活，对有些技术"不咋地"的纸匠，民间歌谣给"他们"画了像，真是太形象不过了。但这种"讽刺"也充满了同情，同时从另一个侧面也透出纸匠生活的辛苦。

（二）纸匠纸匠真够呛

纸匠纸匠真够呛，

十冬腊月睡不着热乎炕。

麻水泡烂老寒腿，

到老连裤子都穿不上。

这是一首纸匠苦歌，记载了他们这一行人的真实生活。

（三）纸匠

纸匠发明传千秋，

西汉蔡伦把纸做；

花茹先师一妙手，

如今传到你的手；

做遍江湖好锦绣，

做个嫦娥寻配偶；

做对狮子抢绣球，

做只凤凰落山头；

做条金鱼江中游，

做只大船上扬州；

做个帝王摩天楼，

一阵狂风万事休。

（四）说纸烟

一根纸烟两头气，

诸葛亮留下子孙们吸。

吸一口烟，冒一朵云，

好像神仙出洞门。

刘老爷当年不吸烟，

他卖草鞋把身安；

后来他吸了一口烟，

占了蜀川半边天。

关老爷当年不吸烟，

在四川贩马把身安；

后来他吸了一口烟，

单人独马出五关。

张老爷当年不吸烟，

他卖豆腐把身安；

后来他吸了一口烟，

当阳桥吓退兵百万。

赵子龙当年不吸烟，

他给袁绍把马牵；

后来他吸了一口烟，

长阪坡前杀得欢。

貂蝉当年不吸烟，

她在王府里当丫鬟；

后来她吸了一口烟，

害得董卓命归天。

三、纸作坊常用术语

切料——指把原料弄好。

上垛——指把纸浆上锅蒸。

开捞——指把湿纸从水中捞出。

打线——指在纸浆池子里搅浆。

沙拉刺———种打线工具。

池子房——作坊里的另一处场地。

压码———种压水工具。

风墙——晒纸的地方。

洗料——把原料冲洗干净。

立碾子——作坊里专门压纸浆的工具。

捞匠——作坊里的大技工。

淌槽——作坊里的工具。

纸池子——沉淀纸浆的地方。

码坨子——把纸坨子垛起来。

分刀——指数纸的张数。

纸匠——专指做纸的人。

通鼻子——互相交流，沟通想法，研究路子。

吃犒钱——指由于纸匠的努力，给大伙涨了工钱后的部分所得。

伙食头子——纸作坊中专门管理大小伙房做饭的人。

熟劳金——从前在一块儿共过事的人。

一、祖师爷的故事

蔡伦发明了纸，造纸业敬的祖师是蔡伦，这是人们差不多都知道的事情。因为蔡伦这个贡献太大了，这是中国古代四大发明之一，所以全世界的人都敬佩蔡伦。蔡伦，字敬仲，东汉桂阳（今湖南郴州市）人。他虽然出身卑微，但天资聪慧，勤奋好学，所以他年轻轻的就被汉和帝召进了宫，做了中常侍，可以出入宫廷，侍从皇帝，传达诏令，掌理文书，成了皇帝的亲信。蔡伦为人谨慎而又敢于直谏，很受朝野的敬重。可蔡伦并不喜欢交际，性格还有点乖僻，平日在家时，总是闭门谢客，独自关起门来读书，思索问题。

一天，蔡伦从宫廷回来，皇上交给他一批"公文"，让他带回家来审理。从前的那些公文都是用竹简刻写的"简牍"。七八个人把这批公文抬上了一辆牛车，牛车被压得嘎吱吱直响。走到半路上，牛一打滑，给压到车辕底下了，结果书简也散落了一地。好不容易才把书简收拾起来，牛也跌瘸了，只好又重新找来一辆车，这才把这些"公文"运回了家。回到家里，蔡伦累极了，躺在床上，心里憋气，就琢磨开了。他想，现在这种"简牍"实在太笨重了。听说战国时代有个叫惠施的学问家，每逢出门，都要拉上五辆牛车的"竹简"，号称"学富五车"；秦始皇那会儿，看一天"公文"，捆到一起称称，足有一千多斤；就说本朝吧，汉武帝一次张榜招贤，有个叫东方朔的写了一篇比较长点的自荐文章，一共用了三千多片竹简，几个人抬着，才进了宫。你说这读书写字的人得耗费多少气力来伺候这些个竹片子吧？唉，累死人了！能不能想个别的法子，不用这竹简写字呢？对，得想个办法换一种东西，换个轻点儿的。蔡伦想啊，想啊，也想不出啥好法子来，便走出屋门散心。

蔡伦从屋里出来，还没出大门，就转到了后院。他们家后院里有个池塘，塘里沤着一坑麻，几个家人正在那儿捞麻，制麻纰儿呢，又是摔打又是捶砸的。蔡伦低头迈步，转悠了过来，刚走到池塘边，"啪"，飞来一物正打在蔡伦头上。蔡伦一惊，低头一看，原来是一截麻秆，上边的麻秆皮已经摔落了。可上边还留着一层薄薄的麻纤。蔡伦心中一动，捡起了麻秆，仔细瞅起来。这几个家人见捶起的麻秆，打在老爷头上，赶快跪在地上，诚惶诚恐地请罪。可蔡伦呢，光顾看麻秆儿，根本没注意到他们。

蔡伦小心地把留在麻秆上的一层薄膜揭下来，心想，这东西干了不知道能不能写字？就是还嫌丝儿太粗了些。这样，他一边走一边想，一边想一边走。突然脚下一滑，"啪"！反把蔡伦摔了一个大跟斗，半天没有爬起来。蔡伦痛得龇牙咧嘴，闭上了眼睛。可是，等他再一睁眼呀，眼前地上铺着一层白花花毛绒绒的一张张丝棉片。蔡伦还当是摔花了眼呢，揉了揉眼，再仔细一看，果然不假。这一下他也不觉得身上疼痛了，连忙爬起来，跪在那儿用手轻轻地揭开一片丝棉片，端详起来。看来看去，越看越高兴，这不正是自己要找的东西吗？这丝纹细腻，网片很薄，分量也轻得很，可究竟是什么东西呢？正在这时，从对面织房里跑出来两个女佣人，见大人摔着了，赶忙过来搀扶。蔡伦也顾不上别的，连忙问两个佣人："快看，这是什么东西？"

"噢，大人问这个呀，这是捶打蚕茧时留下的碎毛絮呀。"两个佣人连忙回话。

"好，好，好！"蔡伦连声叫好。从此，蔡伦就像着了魔似的，他一手拿着麻秆上的纤网，一手拿着丝棉片，反复地思索着，想着想着，突然眼睛一亮，大叫一声，向家门口冲去。

原来，蔡伦想到了好办法，去找人帮着做一做。

他叫人收集树皮、麻头、旧绸缎、破渔网、破布片子等东西，拿来剁碎，放大锅里煮。然后，再捞出来捶打，制出一种多原料合成纤维丝浆。再把它们溶进水中，放点面糊之类的黏汁，最后用细帘子从水中捞，结果捞出来一张张的薄膜，放在地上，贴在墙上，晾干，就成了一张张又轻又软的纸了。

终于，在东汉和帝、安帝年间（105—108），蔡伦第一次造出了纸张，并把它献给了皇上。皇上非常高兴，随即下诏书通令天下采用。一时间，朝野上下、文人墨客无不欣喜若狂，人人称赞蔡伦造的纸好。因为蔡伦曾被封为"龙亭侯"，所以大家都叫这种纸为"蔡侯纸"。打那以后，就有了造纸的行业，造纸的人也就世代相传，把蔡伦奉为自己的祖师爷了。

二、宣纸的传说

提起安徽的宣纸，人们都知道，这是一种誉满全球的名贵纸张。19世纪末，在巴拿马博览会上荣获过金质奖章。它能抗老化，防蛀虫，经久不变，有"纸寿千年"的说法。要问它的来历，这里面还有段故事咧。

早在东晋时，有个青年造纸工，叫孔丹。有一年，他师傅去世了，他就用自己造的纸给师傅画了幅像，挂在墙上。可是一年不到，这画纸就由白变黄，由黄变黑，并且开始一片片剥落下来。孔丹见了，很不好受。他想：要是能造出一种经久不变的纸来画像，该有多好！于是，孔丹就约了几个师兄弟，瞒着纸坊老板，暗暗地试验起来。

半年下来，不仅试验没有结果，反倒让纸坊老板晓得了。老板根本不相信这几个小小纸工能搞出什么名堂，又怕他们继续试验下去，不干正经事，影响他的生财之道，于是就把领头的孔丹解雇了。

孔丹并没有因此气馁，相反，却趁这个机会到各地纸坊走走，看看人家怎么造纸，吸取别人的长处，来弥补自己的不足。人们知道孔丹要出远门，好心地劝他："你这样单身外出，无依无靠，要吃多大的苦、受多大的累？"孔丹说："不怕。不吃苦中苦，难攀高上高。"说完，戴上斗笠，穿上草鞋，辞别大家就上路了。

　　孔丹从山西走到山东，一晃三年过去了。他走了不少纸坊，可是看来看去，没有一点头绪。孔丹仍不灰心，又花了三年时间，往河北、河南走了一趟，还是收获不大。于是，他又转道江北、江南。孔丹爬了九九八十一座山，过了七七四十九道河，先前二十多岁的小伙子，一转眼已三十多岁了，加上旅途辛劳，显得格外苍老。但是万般艰难没有把孔丹压倒，他还是继续到处走访。

　　有一天，孔丹来到江南宣城一带，只见这儿山清水秀，鸟语花香。孔丹走到一条山溪边，突然发现有棵大树倒在溪面上，光滑滑的树干上，有一层雪白的东西，像一张薄薄的纸覆在上面。孔丹弯下腰去，剥了一块放在手里，摸摸捏捏，既像棉花一样柔软，又像皮一样牢实，这到底是什么东西呢？孔丹心想：如果把它用来造纸，那该多好！孔丹四处张望，想找个当地人来问个明白。

　　正巧，在百十步外有间茅屋，里面走出一个颤颤巍巍的白发老奶奶。孔丹赶忙上前，深深地作了个揖，说："老奶奶，我向您打听那……"只见老奶奶连连摇手，指指耳朵，意思是耳朵聋，听不见。孔丹只得打手势，老奶奶还是朝他直摇手。正在这时，一个背着竹篓的山里姑娘来了。老奶奶指着她对孔丹说："客官，你有话，就对我孙女说吧。"孔丹走到姑娘面前，说："请问大姐，倒在溪面的那棵大树上，有一层雪白的东西，是什么啊？"谁知那姑娘一听，满脸涨得通红，什么话也不说，就躲到老奶奶身后去了。

老奶奶一见姑娘这样子，便手搭凉棚看着孔丹。看了好一会儿，眉眼全舒展开来了，说："是个年轻人哪！"孔丹一听，真是丈二和尚摸不着头脑。老奶奶轻轻地拉了拉身背后的姑娘。姑娘不好意思地放下竹篓，从老奶奶背后走出来，对孔丹说："客官，请不要见怪。这地方就我和奶奶住着。我从小没了父母，16岁那年，奶奶怕我在山沟沟里受苦，要我嫁到山下村子里去。我舍不得丢下奶奶一个人在这里，说什么也不肯。奶奶便说：'好吧，那你就等吧。不过，等到有一天如果有个男人来问这棵溪面上倒伏的檀树，你就非嫁给这个人不可！'想不到今天，你……"说到这里，姑娘低下头，又不好意思起来。

听了姑娘这番话，孔丹心想，这些年来，我跋山涉水，历尽千辛万苦，还不是为了造出这样的纸来！如今刚有了点苗头，怎么能轻易离开呢？再说，要造出这种纸，一年两年还不一定有把握。眼前这姑娘，品貌端正，心地善良，要是添上这么个好帮手，兴许还能早点儿把这种纸造出来呢！想到这里，孔丹便说：

"我是个造纸工，为了造纸给师傅画像，走南闯北十多年，才见到这雪白的东西。只要能造出这样的纸，大姐不嫌我是纸呆子，大姐咋说我咋依。请先告诉我，这到底是什么东西？"

姑娘听了很高兴，凑近老奶奶耳朵，又是说话，又是打手势，老奶奶终于明白了，便在姑娘的搀扶下，和孔丹一起来到溪边。老奶奶指指姑娘："她生下来的那年，恰巧这棵檀树倒在溪面上，所以就给她起个名字叫檀姑。这檀树泡在溪里，雨过天晴太阳晒，太阳晒过再雨淋，天长日久，树皮就脱离树干，变成现在这个样子了。"孔丹听了很高兴，造纸的办法有啦！真是踏破铁鞋无觅处，得来全不费工夫。当晚，孔丹和檀姑朝天一炷香，便结成了夫妻。

第二天，孔丹便采集了檀树皮和蓼草一起浸润，晾晒，揉制，蒸煮……老奶奶和檀姑成了他的好帮手。

功夫不负苦心人。孔丹终于造出了好纸，因地得名，就叫它宣纸。宣纸中还有一种名叫"四尺丹"的，就是为了纪念孔丹，一直传到今天。

三、富阳毛纸的故事

早在明朝时候，富阳已有好多地方在做毛纸了。到了清朝，几乎遍及全县，成了富阳老百姓的一门主要副业。

有一天，县官老爷坐着八抬大轿到乡下去。路过一个村子，村里人不晓得太爷要来，路上晒满了做毛纸用的稻草。轿夫一不小心，被稻草拌了一跤，县太爷差点从轿里跌出来。这一来，县太爷大发雷霆，马上派差人把晒稻草的人抓来打了一顿，又下令从今以后，富阳人不准再做毛纸。

可是，老百姓不做毛纸就没有油盐钱。所以，暗地里还有人偷偷摸摸在做。县太爷知道了，十分生气。进京奏了一本，把做毛纸说成是有罪的事情。皇帝觉得当时锦丝绸缎已用不完，还做毛纸干什么，听信了一面之词，稀里糊涂下了一道圣旨：今后任何地方不准再做毛纸，违旨者，一律斩头。这样，富阳老百姓谁也不敢再做毛纸了。

事隔三四年后，当时在京做官的董阁老回乡省亲，看到村里的父老乡亲生活很苦，但都不做毛纸，感到奇怪。问起原因，大家都哭了，把事情的来龙去脉告诉了董阁老。

过了几天，董阁老要回京城去了，他对乡亲们说："你们谁家还有做好的毛纸，卖几刀给我好吗？"大家一听董阁老要毛纸，纷纷送来给他，都不肯收一分钱。董阁老只收了五六刀毛纸，其余的都一一谢绝了。

董阁老回到京城，皇帝设宴为他洗尘。酒吃到一半，皇帝一不小心，将一碗菜汤碰翻在桌子上。太监马上拿来上等的丝绸，可是皇宫里的桌子油漆得很考究，太监一连擦了三次，还是没有把桌子擦干净。这时，董阁老不动声色地从身边拿出几张富阳毛纸，轻轻地一擦，桌子就变得干干净净。

皇帝看了大为惊喜，问董阁老："这是什么东西？"董阁老说："我家乡的富阳毛纸。"皇帝又说："这么好的东西，我怎么从来没有看到过？"

董阁老连忙跪下道："这种纸现在没有地方再做了，因为几年前已被皇上下旨禁掉。"皇帝听了，感到十分奇怪，他已经记不起那件事了。董阁老就把三四年前的那件事情一五一十说了，还说了做毛纸的种种好处和老百姓希望恢复生产的愿望。皇帝听了，羞愧万分，当即下旨恢复毛纸生产。

第
五
章

纸
匠
传
奇

一、么站探寻"花蝴蝶"

纸匠，就是造纸的工匠，这个工种有什么传奇呢？其实世上人还不知，纸是一个民族文明的记录，而造纸，又是一种独特的人生经历，这个手艺在东北，更有其独特的来历。在东北，有个董大爷，董大爷在东北松花江一带，开着一个纸作坊，东北家家户户都用纸。东北自古就有"窗户纸糊在外"的习俗，所以，纸坊很普遍。由于他走南闯北，知道很多事情，有一天，我在采访中提到纸匠的事情，他说，你去找谷大娘，她知道一个关于纸匠的奇特事情。我找到了谷大娘，谷大娘告诉我，那个纸匠叫什么呢？原来叫"花蝴蝶"。

花蝴蝶？先前我知道，在北方，有一个报号花蝴蝶的，可她，是个土匪呀，我也早就听说过，怎么又是"纸匠"呢？

多好的名字，蝴蝶，而且是花的。

花蝴蝶，本名叫林桂兰，老家在今吉林省长白山松花江上源东岸的敦化一带，属于今吉林省延边朝鲜族自治州地域。探查花蝴蝶，是我在德惠一带的乡下搜集民间故事时。一天，我在谷家油坊找上了开油坊的谷大娘，她告诉我关于花蝴蝶纸匠的一系列细节和来历，于是我就去了花蝴蝶"起飞"的老家……

发源于长白山的松花江，流淌到一个叫么站的地方，这一带山和水，连着大片的山林和草地，在早，这儿有一个叫王月的人。

王月，祖辈上留下几十垧地，大户大家，他当家，因此在松花江一带，算一个远近闻名的主儿了，但他却是一个真正的苦命人啊。

说他有钱，却从来没有人看见王月穿过像样的衣裳。大伙不知道他身上那套衣裳新的时候是啥样子，反正他总是破衣烂衫的，腰里系着根草绳子，五冬六夏，背着小粪筐。

八月十五那天，家里人给他煮了一个咸鸭蛋，他每顿饭用洗米棍儿拨一块儿就饭，一直吃到第二年正月十五，才露出蛋黄来。

这王月自己吃夯的穿夯的省吃俭用不说，家里人想拉拉馋也没有门儿，大伙要吃顿饺子这可费了事啦。王月天天去赶集或者去捡粪，大伙就偷偷地包饺子吃，同时派人到村头上去看着。有时，饺子没吃完，王月回来了。要叫他撞见还有完？于是，家里人就从粮囤子舀出半瓢豆子或高粱、苞米粒什么的，撒在门口地上，全家人就只管放心地吃好了。王月一见了粮食，就蹲在地上。干啥？捡，直到人家饺子吃完了，他还没捡完呢。

松花江里产鱼，家里人想吃点咸鱼，他也不让买。于是趁王月去赶集，他家人就买了一捆咸鱼，悄悄地绕到他的前头，扔在道上。

王月一见，很高兴："白捡了一捆子咸鱼！"

背着进了院子。

喊着告诉家里人："今晚做鱼吃！"

大伙齐说："对，做鱼吃！"

鱼做好了，他看着全家人狼吞虎咽地吃，不知怎么，但总觉着心里不是个滋味儿。

又过了几天，他又去赶集，他家人又买了一捆干咸鱼，扔在道上，自己就躲在高粱地里，等王月去捡。王月见了那些咸鱼，立刻捡起来，捡完了背着就走。

走着走着，他又停了下来。

接着，他把那捆干鱼猛地摔在地下，又狠狠地踢了一脚，骂道："还捡？上回捡了你们，费了多少饭？还让我上当？休想！"

于是，他背上粪筐得意地走了……

从前，关东的土鳖财主就都是这样。

到1928年，王月死了，家里的人也把祖先的土地差不多吃光了，临到最后，就剩下5亩埋着王月的坟茔地，坐落在松花江边的康大腊山下，可是这五亩黑土地却引出一段关东纸坊传奇般的故事。

从前在山东济南府，有家老王家，王家祖上是个造纸的纸匠，这一年，中原山东大旱，老爷子王景隆就领着家人闯关东，直奔东北谋生。

那是大清同治十三年（1874），山海关前。

正是六月天气，太阳毒巴巴地热，照在行人的背上竟像贴了一帖膏药，只把个肉皮子拔得火燎燎地疼，又逢干旱，自入五月门就未落一滴雨，道上的土都旱飞了，只腾起些黄尘。此刻，那黄尘竟形成一条黄龙，无休止地向前蠕动着，由山海关里一直拖到山海关外。就在这条流动着的黄龙中，一行行人正拉不断扯不完地向前踏跳着，看起来，那脚步也实在够艰辛的了，每走上三步五步、十步八步的便要停下来，小憩片刻，就又迟缓地向前迈去。这条滚滚的人流中，几乎都是衣着褴褛、蓬头垢面的人。他们中，有的背上背着包裹，有的肩上挑着担子，有的手中拄着棍子和拎着讨饭篮，也有的牵着毛驴，还有的推着独轮胯车子。那独轮胯车子上，放着锅碗瓢盆和行李卷之类的东西，而那小毛驴背上，除了放置一些日常生活用具外，多是骑着一个鬓发灰白、因牙齿脱落而塌了腮的老娘。

在那肩上担着的挑子中，不光有捣蒜用的蒜缸子、蒜槌和擀面杖、竹筷子之类，往往还要在挑筐里放上个孩子，有的挑筐里放的还不止是一个，往往还是一男一女两个孩子。几乎都是这样，凡有挑筐挑着孩子的，后面总是跟着一个头包老蓝色麻花头巾、身穿靛缸子染的青大衫及上了补丁的家织的粗布大花格裤子的女人，这些女人，往往是手中也拉着几个半大孩子。不用问，看那一堆一块就知道是一家人了。在这形形色色的行人中，有一个最鲜明的特色，那就是车上、担子上、肩头上几乎都有这样的东西：或是更生布棉被子卷，或是古老的手摇纺车和纺锤，还有的带着已经使得油黑溜光的平底锅和摊煎饼用的煎饼鏊子，更有一些人带上他那舍不得扔掉的用箭杆棍儿串成的盖帘子，一看这些装束和物品，就知道他们来自山东老家。

人流中，一顶已经缺少半边的黄草帽在一上一下地飘浮着。草帽底下，压着一张古铜色的脸。这个人，看上去 40 岁出头，腿脚还挺利落，两只臂膀赤裸裸地露在外面，暴在阳光里。身上的那件半袖的汗褟子，很难分出它是什么色了，那汗卤子足有一大钱厚，白花花一片，然而汗道子还在往下淌着，把背上的一个铺盖卷全浸湿了。

那个铺盖卷，是用更生布包袱皮包着的，上面十字交叉捆根苎麻绳子，他拄着一根榆木棍子，背上捆着一个四方形的"帘子"，这叫纸帘子，一看就是个纸匠。他打着一双赤脚，脚板蹬起道上的尘土，人像飘在云雾中。他身边没有别人，只光身一个。这个人名叫王景隆，山东黄县王家庄纸作坊的后人。当他随着人流来到山海关前时，忽听有人喊道："不好，山海关关门闭上了。"待王景隆举目眺望时，只见那两扇扣着铜铃、涂着朱红色的斑斑驳驳的关门已经轻轻地合严了，接着便是"砰"的一声。然后，便是那门上的铜环在摇晃着，直到慢慢地停了下来。

王景隆望着紧紧关闭的山海关门，心也像锁在一个铁笼子里，眉宇间渐渐地打起了结，堆起了两架峰。

在家乡时，连年灾荒，遍地蝗虫，田里颗粒不收，他为了找活路，这才背井离乡，走上了奔赴关东这条路，自想能逃个活口。而且听说这关东有句俗语：窗户纸糊在外，造纸一定能有活路，这才背着纸帘子奔了关东。没想关门又陡然紧闭了，穷人还能有出路吗？然而，他一声没响，只是静静地望着。"民以食为天"，粮食，是人的生命。人们在耕耘着，人们在索求着，然而要想得到它，又是这样的难。

听说关东是土壮民肥，有的是黄豆、谷子、大苞米、红高粱，那里的关东汉子也极好处，在那里钱好挣，饭好混，饿不着，然而，却没有见到呵，这是头一次闯关东，不知啥样子。不一会儿，听人议论开来。有的说，关东也不是那样好混的，那里是有名的土匪窝，胡子遍地，响马四起，像什么奉天的王三好，朝阳的瘩痞李，吉林的马傻子，他们都拉起了队伍，闹得可凶了。又有人讲，这些马贼，也都是些穷人，而且他是手艺人，会造纸呀，为生活所逼才走上这条绝路的。王景隆听到这些，心想，也不能干挺着饿死，得闯出关门去才是。

猛然间，他想起了传说中的孟姜女寻夫拜关的故事。那故事说，由于孟姜女心意诚，感动了天地，竟一下子拜倒长城。他想到这里，便对逃荒的人们呼喊道："乡亲们，为了闯关，咱跪下拜关吧。"啊？人心真齐，当大家听了他这一声呼喊后，都齐呼啦地跪倒一片，面对着关门，眼盯盯地望着。说来也奇，正当逃荒的人在地上跪倒时，那关门竟缓缓地开了，闪出一个口子。于是，人们闯出了高悬着"天下第一关"牌匾的山海关门。

二、关东路上遇真情

闯关东，人们潮水般涌去。

有人要问，当人们跪地拜关时，那关门怎的缓缓地又开了呢？

原来，那关门是时开时关的，局势一紧，一有个风吹草动，那关门就要关闭，以防止一些不明不白的人进关，有时也是为了防止关内做了坏事的人溜掉，便于堵截；当然，大多数的时候还是敞开着的，供人们关里关外随便通行。方才关门关闭，那是驻守关门的人接到了一道命令，传说奉天马贼王三好要率部由关外冲进关内来，因此陡然间将那关门关了；片刻，他们又接到命令，说没有此事，于是他们又把关门启开。

单说山海关所处的这块地方，关内归临榆县辖，关外属宁远县管。这两个县，地处咽喉位置，不仅设有重兵把守，还配有精明强干的地方官，以便看守这号称"天下第一关"的险关隘口。明朝末年，宁远县城修筑了城墙，驻守该城的是明代著名爱国将领袁崇焕。自从袁崇焕被崇祯皇帝错杀后，其后人便逃到关外，留居黑龙江一带。而临榆县当今的县衙老知县名叫杨诚一，乃吉林省九台县其塔木镇红旗屯人，进士出身，是个清廉之士，这年五月以来，他见关里向关外逃荒的人多了起来，动了怜悯之心。他在山海关外宁远地界搭上粥棚，开设粥锅，让那些将要远离故园的人吃上最后两口家乡饭。有时他还亲自来到粥棚视察，告诉管理的人员，一定要让这些人吃饱，他说："吃干的没有，吃顿稀的还算可以吧。"

这天，当闯关东的逃荒人来到粥棚吃饭时，正赶上他在粥锅旁边。逃荒的人见了，都给他跪下了，称他为"父母官""青天大人"，边呼唤着边落泪。他看了，也流下泪来。这，是顺便写下几笔，咱还得沿正题往下讲。单说那山海关外，过了宁远境内的威远镇烽火台，就是孟姜女庙。就在距孟姜女庙西不到二里地的地方，有一道沟，人都叫它流泪沟。为什么叫它流泪沟呢？

原来，自明清以来，由关里向关外逃荒的人越来越多了。当他们将要离开故土远走他乡时，免不了有些留恋之情，特别是当他们走出山海关来到流泪沟沟口时，总要免不了回首眺望一下高高的山海关城门楼子。这一望不要紧，只觉离家乡远了，不知哪年哪月才能再回来，于是人们都要落下凄楚的离乡泪，这样一来，时间长了，人们便把这个沟口唤成流泪沟了。当然，与流泪沟相对的还有个欢喜岭，欢喜岭就在流泪沟东。当出关的人要回关里来到欢喜岭这儿一眼望见山海关城楼时，只觉得离家乡近了，于是心中有说不出的欢喜，于是这个地方，也就因此而得名了。

单说纸匠王景隆来到流泪沟这个地方时，他看到同行的逃荒人纷纷落泪，心里也是酸溜溜的。你想他怎能不心酸呢？就在一年前，他还有一个美满的家庭，上有老母，下有一男一女，妻子马氏，百依百顺，是个非常贤淑、孝顺的女子。然而，不久灾难便来临了。连年的干旱，使得家乡闹起饥荒来，72岁的老母亲不忍心孙子孙女受饿，舍不得吃，自己首先饿死了，接着，两个孩子也饿倒了，那两个孩子，小子6岁，丫头5岁，那小子饿得走不动道，躺在炕上呼喊着妈妈道："我要吃个菜团子……"村子周围的青草和榆树叶子，都被人采光了，到哪里去弄菜团子呢？

邻居的一个老奶奶看孩子饿得可怜，就把自己用干灰菜和地瓜秧子做成的菜团子送了过来，当那孩子刚要把这个菜团放到嘴边时，身边已经饿得昏迷过去的小妹妹又醒了过来，用微弱的声音说道："小哥哥，把菜团给我咬一口吧。"小哥哥把菜团给了她。这时她忽然间像想起了什么，只放在嘴边舔了舔，又还给小哥哥，说道："小哥哥，还是你吃吧，你活着还有用。"打那以后，她什么也没吃，也没再说饿，就悄悄地死了。小哥哥由于痛苦和饥饿，不久也死去了。他死时，手里还攥着那个菜团子。当妈妈的看到这儿，身子一斜，一头倒地，也死了。王景隆悲痛欲绝把眼泪都哭干了。在邻居李老升的劝说下，他们一起由家乡逃出来。然而，待到山海关时，他们俩又走散了，此刻他又只身一人了。

"男愁唱，女愁哭"，这话确实不假。王景隆坐在流泪沟的一个高坎上，一滴眼泪也没有掉，只是默默地望着远处，不觉夜色来临了。一弯月牙挂在天边，不知啥时，他竟歪在铺盖卷上酣然睡去了。当他一觉醒来的时候，眼前的情景使他大吃一惊。

王景隆一觉醒来，天已经放亮了，周围的一切都看得真真的了。当他转身时，发现身边有好几个饿死的人。他，于是从背包的纸帘子下抽出几张纸，一张张盖在饿死的人脸上，这也算尽了一个纸匠的情啦。这时，他忽见自己脚边蹲着一个女人，吓了他一跳。他再仔细看这个女人，只见她浑身上下全是补丁，头发像是多少日子没梳了，那条缠在发辫上的染成红色的线头绳隐藏在蓬松的头发里。看上去，她有 20 岁左右，虽然消瘦，面貌还挺清秀。当他看着她时，她悄悄地低下头，用手指抠着指甲，一声不响。

过了一会儿，他道："你怎么不和自己的家人在一起，到俺这里干啥？"

"没有家了……"操一口山东口音。

"家呢？"王景隆问。

"家？爹妈兄妹全饿死了，现在就我一个。"王景隆听了，心头一颤，没想到这个女子竟和自己的遭遇一样，不觉有些同情了。于是，他问道："那么，你打算怎么办？"

"俺也不知道……"

王景隆还想问下去，只见她泪水涟涟，便也不好再讲什么了。忽然，他像想起了什么，从自己的行李卷里掏出一个已经长了绿毛的糠窝窝头，送到她的手里。

她睁开一双又大又黑的眼睛，望着他说："俺吃了，你呢？"

景隆道："俺要你吃，你就吃，俺还挺得住。"

她眼里闪着感激的光，再也不问了，用双手捧起那个糠窝窝头，便大口大口地吃起来，最后把那掉在手心的干粮渣子，又舔了个干净。

这会儿，太阳已经升上来了，闯关东的人都纷纷地站起身来，又准备开始无休止地跋涉了。王景隆看了看这个女子，说道："该起程了，各走各的路吧。"

那女子啥也没说，抬起脚来便向前走去。王景隆又走了好长的路程，忽然觉得身后有脚步声响。待他回头看时，只见那个女子还跟在身后。王景隆道："你怎么不自己去赶路呢？"

"俺就要跟着你走。"

"你知道吗？俺已经跟你好多天了。俺只见你一个人在赶路，俺这才跟来的。"

王景隆似乎觉察到什么了，不觉心头一震。但是，他马上又打消了他升上心头的想法。他想，自己的命运够苦的了，怎能再去连累别人。于是，他对她说道："你不要跟着俺这个穷汉子走了，凭着你这年岁，兴许能碰上个享福的地方。"王景隆说到这里，便狠了狠心，头也不回地向前迈开脚步。然而，当他又走了好长的一段路程，回头一望，见那女子还是跟在身后。王景隆道："你怎么还不自己去逃路呢？"

她回答："俺就是要跟着你走。"

"那么，你打算怎么办？"

"俺也不知道。"

王景隆想了想，说道："如果这样，你不嫌弃的话，俺就收你做个侄女吧。看样子，你只二十来岁，俺已经四十出头了！"

"俺不做你的侄女。"这句话，那女子说得挺爽利。

"如果这样，你不嫌弃的话，俺就收你做妹妹吧。看样子，你也是个苦命人！"

"俺不做你的妹妹。"这句话，那女子说得极痛快。

"那么，你想怎么办？"

"俺早就想好了，俺要嫁给你。"

王景隆听了这话，只觉得脑袋轰的一下，脸上冒出了汗珠子，不觉把步子停下来了，回过头来，怔怔地望着她。她，二话没说，就在王景隆停住脚步的一刹那间，双腿一弯，"扑通"一声给他跪下了。然后说道："你就让俺做你的媳妇吧，俺是穷人家的闺女，俺不嫌弃你，俺有两只手，俺什么都会干。"

王景隆心都碎了，真不知说什么好。他一把将她搀扶起来，说道："不要那样，有话对俺慢慢地说。"那女子听了说道："一路上，俺都打听好了，你是黄县王家庄的，只你光身一个人了，俺也只光身一个人了，俺是黄县李家庄的，离你的庄，也没有多远。"

听了这话，王景隆忽然觉得自己太粗心了，到现在为止竟没有问她姓啥叫啥呢。于是，他问道："你叫什么名字？"

"俺姓李，名兰香，今年 20 岁，三月初六的生日。"王景隆听了后，知道她一路上就注意到他了，觉得她确实是实心实意地想跟自己了，自己也需要这样一个人。但是，自己的贫穷能给她带来福气吗？他想到这儿，问道："我可是个穷光蛋啊！"

"俺也不是富家人。"她说，"我看你背着个纸帘子，我也会抄纸、造纸，今后你干，俺帮你！"便一把抱住王景隆的胳膊。

王景隆想再说什么，又觉得讲不出，只是用那双闪着光亮的眼睛望着李兰香。蓦地，他给她擦了擦脸上的泪花。她扯过他肩上的行李卷放在自己肩上，然后两个人上路了。

然而，当李兰香把行李卷接过来，准备往自己肩上放时，两眼忽然盯住从里面掉出的一件东西，只是呆呆地望着，不觉眼眶里滚出一汪子泪花花来。

王景隆和李兰香在逃荒的路上结为夫妇，相依为命，但是，当她接过行李卷两眼往上面一望时，竟忽地滚出一圈泪花花来。这是怎么回事？

原来，李兰香搭眼一看，望见了王景隆行李卷和纸帘子上掖着的一双布鞋子。那双布鞋子，正掖在那十字交叉的苎麻绳拢着的纸帘子空里。在那个时候，山东老家有一个习惯，也许是由于穷困没别的东西相送的缘故吧，男女之间情分上的事情，只要是送上一双鞋子，就表示是订下终身了。只要是订下终身，那就是终生不再改悔了，也不管穷富，一直过到白头到老了，要不怎能说山东人心眼儿实呢，这话就是指这个说的。方才的事儿，就是出在这双鞋上。她看见了后，心想，他是不是有了别的女子？特别是她又细看了一下，见那鞋底连半点泥都未沾；又看看王景隆的脚，正光着两只脚板，那脚板，都磨得像两只铁板，脚后跟干裂着像小孩子嘴样的大口子，往外翻翻着，不时地渗出殷殷的血来，那血又渗进黄土里。

要说王景隆，虽然是个庄稼汉子，心里倒也细微，事儿想得也比较周全。他见李兰香这般模样，心里就明白了个七八分。但是，他没有专门去解释这双鞋子的事，而是讲起一个遥远而又像是昨天发生的故事。

那是他19岁那年，正是五荒六月青黄不接的时候，他在老家黄县王家庄的村口纸作坊里挑水泡纸槽子里的料，天近晌午了，他还没有吃东西，嗓子眼儿也渴得冒烟。实在没有办法了，他到村附近的一条名叫牛样子河谷去挑水。当他拐过三个河湾，又爬过两个河坎，走下一个沟口时，忽见那个穴水崴子里直翻花。再一看，里面有个女子正在挣扎，那双手直往上举，眼看有被吞没的危险。于是，他再也顾不得一切了，连裤子都没脱，便一头扎进水里。王景隆还真的有些水性，不多时游到那个落水的女子身边，把她救上岸来。那个女子，是个十八九岁的姑娘，身上还有些穿戴，看样子并不十分穷。他在河岸的沙滩上，慢慢地给她控着水，过了一大会儿，她活过来了，眼皮睁开了。

然而，当她发现有人救她时，她不但没说感激的话，反而像发了疯似的喊道："你为什么要救我？我还是死了好！"说着，又要去往水里扎。

王景隆哪里能让，只是死死地抓住她不放。又过了好大一阵子，也许是挣扎得没有力气了，等她平静下来，怔怔地望了望王景隆。她觉得他不是个歹人，而是个朴朴实实的庄稼汉，便讲起她投水的原因来。

她说，她已经有了男人，而且眼看着就要过门儿成家了。她的男人，也是个庄稼人，手中没有钱。为了能把她娶到家，他到关东去了，准备挣些钱回来。哪承想，他一去就没有回还，后来，和他一起闯关东的一个屯邻回来告诉她，在黑龙江依兰驼腰子金厂淘金时，窑洞塌了，他被砸死在里面了。屯邻把他剩下的东西捎了回来，其中就有她亲手给他做的一双布鞋。她看着那双捎回来的布鞋，见鞋底上一点泥都没沾，知道他连穿都未穿，心里更是难过，只哭得死去活来。待她哭了三天三夜后，便偷偷地溜出村来，来到这里准备投河。这里还是以前他俩常来的地方哩。

万万没有想到，她竟遇上了挑水的纸匠王景隆，被救了上来。

"那么，后来呢？"李兰香听到这里，急忙向王景隆问道。

"后来，她没有死。"王景隆说道。

"那么，她到哪儿去了？"

"她，就成了俺死去的那口子。"

李兰香听了，不觉啊了一声，然后，又问道："那么，那双布鞋，就是你背着的这双？"

王景隆点点头说："是。"

李兰香听到这儿，忽地把王景隆的行李卷抢过放到道上，把自己夹着的蓝布包放在行李卷上，她解开包，里面也露出了一双布鞋子。她把这两双鞋子放在一起，呵，竟一模一样，也是白底青帮，也是麻绳纳的。李兰香说："真巧，它俩有着一样的命根儿。"

于是，两颗心扣得更紧了。

古老的关东大道呵，曾磨砺着多少双逃荒人的脚掌，曾磨砺着多少个闯关东人的血泪般相同的故事啊！

大道，闪着光亮。

关东，名曰粮仓，是穷人活命的地方，可是到哪里去存身呢？王景隆和李兰香的双脚在路上踏动着……

在锦西"秃老婆店"，王景隆和李兰香正想找算命先生占一卦，以占卜一下前程，不料正有一个算命先生盯上了他俩。盯了片刻，就听那算命先生说道：二人同路行，同属又同庚。举足能行马，论命水中生。

王景隆和李兰香听了这话，似懂非懂，便用眼睛望着算命先生，那意思是想要他指点一下。那个算命先生，是个走南闯北的江湖术士，最能观颜察色。而且，他看王景隆背着抄纸的纸帘子，这是纸匠啊，纸匠不是"水中取财"吗？算卦的，都会看风使舵。这会儿，他开口解释道："你们俩的年龄相差很大，却是一个属相，都是属马的。由于属马，决定了你们俩都是水命，男为大江水，女为大河浪。"他俩一听，大吃一惊。以前他俩也都各自地算过卦，确实都是水命。关于属相，他俩自相遇以来还没有互相问过，听了算命先生的话后，这才互相地对一下，方知都是属马的。

于是，他俩信以为实了，很想再问问往后的前程，看看能在什么地方落脚。然而，王景隆却又收住了嘴。他想，江湖术士多半都是马后课，对于未来的事是找不出来的。

要说那算命的先生也真能见风使舵，当他见王景隆和李兰香有这个想法时，便贴着边溜上了，说道："这位长兄大嫂，你们要问的事还没有说出口，不要客套，自管说来吧。我名叫徐半仙，是当地有名的课士，不要说能前算八百年后算八百年，赶不上袁天刚、李淳风，倒也能找出人的生平八字来。特别是你们二位，抛家舍业走关东，这是一生的大事，能不问一问未来的前景吗？"

几句话，就把王景隆和李兰香的心给抓住了。他俩说明了意思，便让徐半仙给算了起来。

徐半仙算了一阵子后，说道：二人走关东，水中把财生。双手都占水，枕边两盏灯。

徐半仙说过了这套嗑后，往他俩跟前靠靠，眯眼看了一会儿，大为惊奇，说道："这位长兄大嫂，实不相瞒，我算了这些年的卦，还没有见到这样好的卦啊，你们俩交了好运，前程不错！"

王景隆问道："怎样见得?"

徐半仙答道："枕边两盏灯，这说明你俩的前途非常光亮。双手都占水，这是说你俩落脚的地方和要干的手艺都与水有关。二人同是水命，又在两个占水字地方落脚，这不是二道河子吗?可是旺运哪！"

他俩听了，自是心里有些高兴，又一想，也可能是徐半仙瞎奉承，便也没有说啥，只是把攥在手里的几个铜钱扔给他，便又开始上路了。

头上的太阳老大，又是一个爆天。

不知赶了多少个日夜，不知挨过了多少场风雨，身上的布衫子打了几层盐卤，脊梁上脱掉了几层皮，这年秋上，他俩终于找到了落脚的地方。

他俩落脚的地方，小地名一打听，正是叫二道河子！

三、水中取财站住脚

二道河子，位于长春府城正东，距城30多里路。当时，实际上才有十几户人家。那些人家，还多是闯关东来的内地人。他们见这里地广人稀，土质又肥，便住了下来。然后，凭着那一把身子骨，开荒斩草，刨地耕耘，终于踏出了生活的出路。这倒也不假，这一带原属蒙古科尔沁草原，为蒙古达尔罕亲王领地，到处是广漠无垠的土地，全是黑油油的土头，真是块福地。这块地方，到了清末时期，虽然还属蒙古王公所领，但是已经禁不住移民的开发了。你想，连清王朝的那个所谓发祥地长白山一带地方都被移民开发了，何况这个地方。特别是二道河子一带，离埠城又近，更是块宝地。王景隆和李兰香二人来到这里后，在先到这里的关里老乡的帮助下，也站住了脚。

　　大约过了半个月的工夫，当他俩与人谈唠起来时，方知二道河子这个地方原是伊通河与它的支流夹荒子河，统称为二道河子，王景隆一听，乐了。算命先生徐半仙不是说将要在占"水"字的地方落脚吗？这不是占了一个"水"字！不知那一个"水"字在哪里。李兰香听说了，也高兴地说："有福不用忙，无福跑断肠，慢慢来嘛。"果然，过了不久，就又遇上了一个水字。原来那时，夹荒河子并不出名，一天王景隆用在大甸子上挖下的土筏子堆墙，要盖房子，当那土墙快要堆完时，那天夜里忽然间着了火。这可把二人吓坏了，便呼喊屯邻前来帮助救火。然而，当人们前来扑火时，只见那火呼呼啦啦地闪跳着，干扑不灭，当人们用手去摸时，发现那火根本不烧手。原来，那是烂草筏子生出来的磷火。他俩又向当地老户打听一下，说过去也发现过这种现象。正因为这样，附近的几个屯子，也都由"火"字命名了，像什么"火烧李家屯""火烧孟家屯"，简称"火烧李""火烧孟"，这些屯名就是这样得来的。"火烧孟"，就是今天的孟家屯火车站。而且，地下就有水，用瓢舀上来一浇，火就灭了，后来，大伙管这叫"夹荒河"。

这本来是件很平常的事儿，然而却使王景隆和李兰香夫妻俩兴奋不止。他俩认为，算命先生徐半仙的卦应验了，果然占上了两个"水"字。他俩想，一定会有个吉祥的征兆哩，就是连做梦都这样想着。其实，这都是当年关东贫苦农民的真诚而朴实的盼望罢了，有一件更大的占"水"字的事情，他们谁也没有估量出来。那就是，他们的那个即将在这占两个"水"字地方出生的孩子，后来竟跟水打了一辈子交道。

然而，眼前接踵而来的竟是关东浩瀚无情的大风雪。

关东的大风雪，最能代表关东人的性格。到得关东来，要不遇上几场大风雪，那还能算得上认识关东吗？凡到过关东的人，都这样说。

是的，这话实在不假。当节令一进腊月门儿，你就休想再走出屋门了。顺眼望去，天上地下都是灰蒙蒙白茫茫一片，分不出哪是天哪是地。老北风加着雪糁子不停地胡乱刮，雪地上滚着道道雪檩子。这还是在平常素日，要是赶上老烟泡，更是使你露不出脸来，往往一夜间就把你居住的小屋子给捂住，到了第二天清晨，你休想开得动门。在这样的天头里，别说人呵，就是那些獐狍野鹿和山鸡之类的东西都要迷失方向，有的干脆冻麻了爪而僵卧在路上。

"棒打狍子瓢舀鱼，野鸡落到饭锅里"，这话一是说关东富裕，有的是野物，那些东西都不怕人了；二是说关东奇寒，冻得那野鸡都扑落到饭锅里了。要赶上这样的天头，人们多是坐在屋子里，用黄泥打的火盆，扒上木炭火，然后围着烤起来。那些关东汉子，往往要在火盆里用洋铁盒子炸上些红辣椒，有的则打上瓶二锅头高粱酒，然后就喝起来。到了晚上，免不了的灶坑里要多填几把柴，也好热热炕。那些关东大嫂和半大孩子们，也真会找空儿，利用这机会炒起苞米花来。每当这个节骨眼儿，那些来串门的关东老乡就用这种东西作招待。到那个时候，你只管吃，吃没了再炒，关东的大苞米有得是。可也真是，在关东的原野上，除了高粱、大豆，再者就是它了。那是穷人家的口粮，大饼子一贴多厚，你就吃吧。这个大风雪季节，是穷人遭罪的季节，也是穷人少得的安闲季节。这真是，人类世界都各有各的温柔之乡，那个时候穷人们能到如此的境遇，也就是天堂了。自古道，人要活命，全靠手艺，王景隆有啥手艺呀？造纸呀！正好，二道河子有一个小纸作坊，抄纸（捞纸）的大工匠病了，一听说他会抄纸，就让他干上了，于是，两口子都在这家纸作坊吃劳金，冬天，纸作坊歇工，他就卖纸。

在这样的天头里，王景隆却没有在家，而是到宽城子赶集卖纸去了，那时的民间，用纸的人家，买卖多了去了，什么药店、糖坊、糕点铺，处处用纸呀。宽城子，是长春的老名。长春的集市设在南北大街。南大街南端是全安门，北大街北端是永兴门。由永兴门至全安门，这条长达4里多的南北大街上，买卖兴隆，商号林立，市场上摆满小摊，赶集下店的人都像潮水一样涌动着。就在这条大街的顶南端，王景隆也摆下了个摊。他卖的全是各类纸……大的，小的，花的，白的，啥样的都有，只一摆摆地摆在地上。然而，他由早晨一直站到日爷儿偏西，竟没有卖出多少。于是，他索性收了摊想要往回走。当他将要把那两嘟噜毛纸背在肩头上时，忽见身边的一个卖草鞋的孩子哭了起来。他觉得这事有些奇怪，便问了起来。那个卖草鞋的孩子告诉他说，他的妈妈正病得厉害，等着他卖了草鞋抓服药，也好给母亲治病。但是，他蹲了一天集头子，却没有卖出一双草鞋，腰里没有一分钱，这药可怎么抓，现在母亲的死活还不知道呢。

王景隆听了，一把把那个孩子的草鞋全拿过来，用绳子系了系，放在自己肩上了。那孩子吃惊地望着他。他二话没说，把腰里仅有的钱全部塞到那孩子手里，说道："我算好了，这些钱正顶上你这些草鞋，我全买下了。"那孩子先是一愣，然后一把热泪滚出眼眶子，咚的一声跪倒在地，给他叩头，说道："你的老纸都没卖出去，却买我的，这全是为着我啊！"王景隆也没有说啥，急忙把那孩子扶起，送他到附近的一家药店。这家药店，名叫"世一堂"，是个老字号了。那孩子买完药，这才走出店门。

王景隆站在药店门口，望着那孩子远去了，脸上漾起了笑纹。然而，片刻他又紧张起来。他一摸腰，腰中带的钱全给了那个孩子，而现在自己正要用钱。他用钱干什么？他的老婆李兰香的月子就到了，临离家时还告诉过他，上集卖了老纸后买回一服风药来，也好坐月子吃。要不，他能多带上些钱吗？现在，他不但没有卖出老纸，反而又买了这些草鞋，哪里有钱去买风药呢？要说关东这个地方好人也确实是不少，"世一堂"药店掌柜的见王景隆似有什么心事，便走近前来问了一下。事到如今，王景隆也只好直说了。那掌柜的听了，也很受感动，让伙计从药架子上拿下一些娘生孩满月用的风药送给王景隆，一文钱也未收。王景隆感动得不知说什么好了，想把那草鞋给扔下几双，又怕人家不要。突然，那药店掌柜说："你的老纸，我全要了！今后，定期给我店送包药纸！"他站在那里犹豫了片刻，这才接过药含着泪花走了，这不是有了门路了吗？

当他来到家门时，见屋里已经有几个邻居家的大嫂在忙碌着。他知道老婆要临产了，便大着步子向里屋走去。这时，他的老婆正身子倚着柜门子，蹲在土炕上，炕席已经卷起，炕上铺上了干谷草。当他正在迟疑时，邻居家的一个大嫂一把把他推出屋，笑道："女人生孩子，你进来干啥？傻大哥，还不去劈柴，今天风雪大。"

听了这话，他才发现自己肩上的草鞋还没有放下来。他仍然是没有立即地去放，抖了抖狗皮帽子上的雪花，磕了磕皮乌拉上的雪粉，而是用手往怀一掏，说道："兰香，风药在这儿。"

正这时，哇的一声孩子啼叫声从屋里传出。呵，生了，这是个男孩子，小子声，取名叫王财。为啥呀？是孩子给王纸匠带来了财运。

一转眼，王财已长到 12 岁。而父亲已成了二道河子这家纸作坊的大技工。纸坊全靠捞纸手艺，纸浆之中，会打纸帘子的，往往能"捞"出几十张，不会打帘子的，才能捞出十几张，这全靠腕子工，所以，大纸匠吃香，可是生活中，他很是节俭，他过惯了苦日子，他要攒钱，将来开一个自己的纸作坊。

要说王财，小时候也实在是苦寒。王景隆没有钱给他买包裹用的小被子，到了冬天，怕孩子挨冻，便想了一个妙招，用谷草拧了个长形的围子，把那孩子放在草围里，上面再用个草帘子一盖，孩子睡得倒蛮暖和。再说，关东有的是谷草，草围薄了，不挡风，就再换个厚点的；草围破了，不用补就再拧个新的。就这样，关东漫长的冬天总算能过得去的。到了夏天，王景隆就用柳条子编了一个长形腰筐当作悠车子，没有挂悠车子的棚杆子，就把它挂在二檩上，没有拴它的绳子，就用老牛套的旧套股。王财就在这个谷草围里和柳条筐里长大了。一天天的，他会笑了，脸上滚出酒窝了，渐渐地能坐着了，慢慢地能把着悠车绳子站着了，转眼间能咿咿呀呀地学话了。王景隆夫妇看了，都特别的高兴。

要说王财这孩子也真乖，6 岁时就能跟妈妈出去剜野菜。关东的大甸子上野菜也真多，什么车轱辘菜、猫耳朵菜、和尚头、驴耳朵、山白菜、黄花苗子、野百合、小根蒜、婆婆丁、苦麻菜、柳蒿芽……那可是应有尽有。王财跟妈妈去挖菜，不但能分辨出来，还能数出那些野菜的名称。每当这时，他总是要唱起妈妈教的《采山菜》歌谣：

婆婆丁，百合花，

开遍甸子开山涯。

我跟妈妈来村外，

妈教咋挖就咋挖。

从春一直挖到夏。

妈妈疼我又盼我，

盼我能够快长大……

他妈妈听了，总是殷殷地笑着。有时笑着笑着，竟噙出泪花花来。

到了 10 岁这年，小王财见屯子里有的孩子上学了，心里特别眼热。但是，自己家里没钱，念不起书。怎么办呢？后来，他想出了一个妙招来。他每天早晨，都是早早地起来，先到村外去捡一趟柴火，然后见伙伴有的上学了，他便洗了洗脸也跟着去了。到学堂后，老师不让进屋，他就站在窗户外、房檐下听课。这样，一连几个月。有一次，老师把他叫到屋里，向他提问，试试他的天分，他竟能对答如流，所学到的东西并不比那些在屋里正规上课的学生少，老师很受感动，便把王景隆找来，告诉他要收王财入学。王景隆听到这个消息，心里自是乐得不得了。但是，他却没有出声。老师问他有什么难处，王景隆说道："先生能教起，我却供不起。"原来，到了这个时候，王景隆已经有三个孩子。除王财外，还有两个女孩。一家五张嘴，只有王景隆一个人在纸坊里头干活，着实难以养活过来。再说，这个时候，王景隆已经50多岁了，身体一天不如一天，日子渐渐地艰难起来了。这样，怎能让孩子搭起这个身子呢？

这个教学先生，人称杨三先生，是个教私塾的，虽然对学生管教挺严厉，但是心地特别善良。他听了王景隆的话，看了他的难苦样儿后，说道："搭搭身子是有好处的，你不用交学费，每年给学堂送一车纸就行了，好作学生的书本纸用，免得孩子念书经常去买。"这等于王纸匠又有出路了。

王景隆一听，一口三声行。

杨三先生，让王景隆给孩子报个名，也好上花名册。王景隆道："他叫王财，造纸乃'水中取财'。"

不料，当他这句话刚说出口，还没等先生写呢，王财却在一旁接着说道："俺不叫王'财'了。"

"为什么？"老师问道。

"王财这个"财"字，虽然带裁王，但是我不想为财。"

"那么，你想叫什么？"

"叫王月！"他一字一板地说道。

"这个名字怎么讲？"老师问。

"俺过去虽然没有进屋听课，但是俺在窗外也听明白了，都是就着月亮的光啊！廉颇负荆请罪的荆，也是荆棘载途的荆。俺虽然不能与廉颇相比，但是拾柴时，荆棘载途的路俺走过。俺想在那有着荆棘的山路上走，就着下晚的月光，也是去闯啊！"

原来，在二道河子一带，当时长着许多树木和荆棘丛。王月常和村子里的小伙伴来这里放牧和捡柴。这片荆棘林子，他不知钻了多少遍了。他钻那荆棘林子时，往往把手脚和脸蛋都要刮出了血。但是，他不怕，越是这样他越钻。他说，到荆棘丛中，捡到的干柴不仅多，而且还干爽，好烧，火头硬。他还说，钻过荆棘林，攀到山顶上，让山风一吹，那才感到舒心呢。是呵，啥能比经过千难万苦后所换来的甘甜更幸福呢！

王景隆听了孩子的这番话，只是有些似懂非懂。杨三先生听了孩子的这番话，大吃一惊，连连点头，然后在那个花名册上，一笔一画地工工整整地写上两个字："王月。"

长大后，王月拼命创业，他不断和父亲学造纸，掌握那捞纸、抄纸的大技工，而且特别会过，舍不得花一分血汗钱。后来，他离开了宽城子，奔往长白山，在山林里开荒、伐木，终于挣出了一份家业。可是他啊，有了钱，却是一个舍不得花一分钱的"守财奴"。当年，他开了一个纸坊，那纸坊，是挣钱的，东北家家户户，买卖人家，都用纸啊！能不挣钱吗？

王月的孙子叫王金钟，临到他这辈就剩下这5亩地，算是祖上给他留下的念想，他娶妻林桂兰是离康大腊25里地太平村花轱辘车木匠朝鲜族林甲泰的大女儿。没别的手艺，于是夫妻二人也接手了太爷王景隆的手艺，开造纸作坊吧。妻子年轻漂亮，十分能干，可是过门半年，家门不幸，林木匠在一次上林子里去拉木头，马套子放了箭，活活要了巧手木匠的命。老头一死，老伴一股急火，也跟着下世，家里扔下一个才14岁的妹子。

无亲无故，林家妹子只好来到姐家的纸坊。

王金钟是个十分能干的纸匠，每年除了耕种祖上的这5亩黑土地，闲着时也和大伙上山，采药、挖参、淘金、狩猎，小日子过得虽然不富，可也渴不着饿不着，妻子勤快，小姨子手巧，一家人日子过得挺像回事，而且周围的亲朋好友也交了不少，纸作坊渐渐红火起来了。

由于这5亩地地肥土壮，产粮足够吃的了，王金钟和林桂兰就专门心思开了这个纸匠铺，并给纸作坊起名"晒德亮"。这名字，是指这一带的纸的质量好，纸从水里捞出来，一干，发白发亮，这是上等的关东老纸；德，是指这王家纸坊人品好，待伙计们好，有才又有德之意。每年春秋纸作坊开工，还招了许多南来北往的劳金帮助造纸，专门生产关东民间的老窗户纸，农闲和上冻时，就运到"船场"（吉林）和烟吉岗（延吉）去卖关东老纸。

四、王家纸作坊结仇家

造纸作坊是东北农村常见的一种作坊。

东北农村的田野里，种着一种植物叫"麻"。夏天时，农人把它割下来，放到大坑里用水泡上，叫"沤"。沤好的麻可以轻易地扒下麻皮，麻秆当柴烧，那扒下的皮便可以用来造民间的老纸了。

造这种老纸，先要用马拉的纸碾子把麻片碾碎，然后经过"过滤""蒸发""打线""捞纸""晾晒"等多道工序，老纸便造成。

造好的窗纸，家家都要用来糊窗、糊棚，东北还有一句老话：二十五，扫房土，干啥？糊墙过年，这一带有这个习惯，所以用老纸量大，而事情就发生在这里。

再说，康大腊山下，住着一个姓崔的朝鲜族大户，老爷子叫崔万广，腰缠万贯，别人过好了日子他眼热。他有一个儿子，叫崔名贵，成天看牌耍钱，是个欺负老实人，挖人家祖坟，踹寡妇门的货，左邻右舍都叫他"崔命鬼"。他要想办的事，就追命似的要办成。

这年春天，王家的窗户纸作坊开业了。

在纸作坊里，工友们把纸浆从池子里捞上来，伙计们要抬着纸坨子提在大锅上，然后上火蒸。一边蒸，还一边喊号子，压水。于是那好听的歌和伙计们的说笑声，常常把村子里和镇子上吃完饭没事的人引来看热闹。

王家的大院里，里里外外都是人。这时，王金钟和林桂兰就热情地招待屯邻，实在忙不过来了，就招呼妹子美子来帮忙。

林美子，那年 15 岁，她像小燕一样在院子里穿来穿去，她一会儿给"压纸坨子"的伙计们送水，一边说："大哥，使点劲儿！懒兽，再使劲！要不我不给你热茶喝！"一会儿又跑到看热闹的屯邻这边："大叔！大婶！给你们烟管笋，点支烟，抽上……"

她小脸跑得通红，一条大辫子，在屁股后摆来摆去。

一来二去，林桂兰有个乖妹子出了名，许多小伙子、光棍就是借着来王家看造纸，其实是来瞅一眼这个标标致致的小姑娘美子。

这天，崔万广的儿子崔名贵在外边要钱回来，路过王家，正赶上人家上锅蒸纸坨子，他也不知不觉地停下来。也该着出事，美子给乡亲们送水，一下子和这小子打了个照面。

他说："唉！妹子，给哥一碗！"

美子说："崔哥，你端好碗，别烫手……"

那小调，就像松花江沿上的百灵鸟一样动听，特别是美子回头一笑，脸蛋上的两个小酒窝，简直叫崔名贵这小子看傻了眼。结果一碗茶水没等喝，都顺着袖子淌进裤兜子里去了，回家他就得了相思病。

崔万广一看儿子病了，当爹当娘的能不心疼吗？三问两问，儿子照本实发，说叫林桂兰的妹子给"晃"的。其实是他单相思！

这"单"相思，也不怪人家呀，可崔万广却犯了怨。

从他家的门户来说，娶个林桂兰的妹子，那应该是王家的福分，可老头子又深知儿子的人品。再说，前两年，崔万广就看好了王金钟那5亩祖坟地，曾经多方派人去说合，想买下来。一来这块地太好，二来他的地和王金钟的地挨着，他想把这儿的好地归到自个儿的名下，因为四周都是他的地，就中间王金钟那5亩给他隔开了。可是王家不干，于是两家从不来往。再就是，他看上了人家的纸作坊。是啊，每到年节，他看人家王家纸坊一车一车的纸往外拉，年年拉，月月拉，在他看来，这哪里是纸？这都是钱哪！是一车车的大洋啊！

如今，儿子又看上了王金钟的小姨子，看来，还得觍着老脸去试一回了。

八月十五，崔万广备下了四盒礼，来到王金钟家，开门见山地说："咱两家嘎亲哪？（结亲）"

林桂兰早就看出了崔家的意图，于是说："崔老爷，我们是小户人家，高攀不起呀！"

"可我儿子，看上了你们美子了，这是她的福分……"

林桂兰说："这个福，我们享不了！"

王金钟也说："问问美子，也不会乐意的。崔老爷，强拧的瓜不甜。你还是另改个大门吧！"

就这样，王家用不软不硬的话，拒绝了这门亲事，崔万广憋了一肚子火，回到家。

可是儿子不干。

"崔命鬼"崔名贵死活要娶人家美子。

崔万广被逼无奈，就把号称"算到家"的屋里赵氏的哥哥、算命瞎子、"崔命鬼"的老舅，请到家来给他出主意。

这瞎子本来在延吉开着一个算命铺，仗着妹子的势力和财气，不愁吃喝，所以妹夫求他，有求必应。

老舅一来，见外甥在炕上病歪歪的，一打听是害了相思病，就问："哪家的小姑娘?"

"王家纸坊。"

"谁?"

"林桂兰的妹子……"

"啊，是她呀!"老舅也吃了一惊。因他知道人家王家纸坊生意兴隆，人缘又好，这门亲，很难成。

崔万广说："可人家不同意和咱结亲!"

瞎老舅瞎眼皮往上翻了翻，说："活人怎么能让尿憋死? 这么办……"于是，他伏在崔万广的耳朵边说出了自己的主意。

那时，林桂兰有个姨刘氏，在离康大腊5里远的么带露河屯，当家的死了，又没孩子，一个人过日子。刘氏年轻守寡，无依无靠，生活略显艰难，每日靠给人家浆浆洗洗维持生活。俗话说，寡妇门前是非多。果然发生了一件事，使她浑身是嘴也说不清。

这年秋天，中秋节后，康大腊一带联村出钱到船场请来一伙野戏班子，在么带露河搭台唱戏，庆丰收，也捎带让一年到头的庄稼人乐呵乐呵。吃完晚饭，家家大人小孩都拥到场院上看戏来了。

刘氏收拾完碗筷，才想起没喂鸡。

她又拌完鸡食，喂上，这时全村已经静悄悄的了，只能听到场院方向传来欢快的锣鼓声和唢呐声。

她解下围裙刚要走，又觉得要小解。

茅房在房后，四周用秫秸围在一起。她急急忙忙来到那儿，里边太黑，又是小解，她就在茅房外的障子边上蹲了下去。

等她站起来，还没等提上裤子，一个人从后边搂住了她的腰。

"谁……"

她吓得连声儿都变味了。

"别喊，是我！大姐。我每天想你，都快想疯了！"

原来是村里的屠户胡麻子。这人虽是个光棍，可平素在道上走个对面他也不敢放肆失礼，今儿个是咋的了？竟敢偷偷藏在寡妇人家的茅房里。

刘氏说："胡四，你吃了豹子胆，不怕别人指责你？"

"嘻嘻！"胡麻子笑着，嘴里喷着臭酒气，不但不松手，反而用一只胳膊紧紧箍住刘氏的双手，另一只手顺着她的小腹摸了下去，说："大姐，你喊也没用，都看戏去了……"

刘氏一想不好。这时她猛一挣，那胡屠户哪舍得松手，只听"刺拉"一声，刘氏的内裤已被撕开。

胡麻子更加得寸进尺，一下把刘氏抵在地上便要成其好事。

正在两人挣扎翻滚在一处时，土道上走来两个人，原来是崔名贵和他瞎老舅也来看戏。瞎子别看是瞎，可喜欢用耳朵听。又因为刘氏的房后正是一条官道，所以不早不晚，叫两个人赶个正着。

"那是谁?"

别看瞎,他先听到了动静。

刘氏一听来了人,就喊:"救命啊!"

崔名贵松开瞎子就扑过来,和胡麻子打在一块儿。几个回合,那平时杀猪宰羊砍牛头都不怯手的屠户,竟然被吓跑了!

瞎子上前扶起了哭哭啼啼的刘氏,说:"没出事吧?如此世道,歹人四伏,妇道人家,要多加小心。今天要不是叫这位勇士遇上,恐怕你就要凶多吉少了……"

刘氏一边系着被胡麻子撕烂的衣裤,一边说:"多谢恩人搭救!"对方一听刘氏开口,忙说:"原来是刘氏。我是崔名贵呀!"

"呀!是名贵呀!你不是我外甥女那屯子的崔名贵吗?"

"正是正是。这是我老舅!"

"快到屋吧!"刘氏戏也不顾看了,把二位让到屋,又烧茶又倒水地招待开了救命恩人。

刘氏边倒茶边流泪,述说着寡妇生活的艰难。说到这儿,崔名贵的瞎老舅说话了:"寡妇生活是不易呀!好在这回事,只有我们三个人知道。你不说,我们不说,就没人知道了……今后,那姓胡的小子,要再来熊你,你就告诉名贵,他有钱有势,让他给你出气!"

刘氏万万没有想到,这本是对方设下的一个圈套,用钱收买了胡麻子,让他找机会调戏刘氏,以便崔名贵前来解围。这真是刘备摔孩子——刁买人心。

那以后，刘氏把崔名贵看成了恩人。

一天，崔名贵又到么带露河耍钱，临走，来到刘氏那儿。刘氏见了恩人问道："老舅他常来吗？"

"隔三岔五就来一趟。还不是为了我的婚姻大事！"

刘氏一听，说："像恩人你这样的主，谁家跟了，那不是享不尽的荣华富贵？兄弟，你看上谁了？说说，大姐给你当媒人！"

崔名贵故意打了个唉声，不言语了。

刘氏追问："哟，难道还有什么不好对姐姐我说的？"

崔名贵这才开口，说道："姐姐，恕我直言，这些年来，我只看上一个！"

"谁？"

"美子。"

刘氏说："你说的，那不是我的外甥女吗？"

"正是。"

"唉，你咋不早说？她要是能嫁到你那儿，不是掉进了福窝了吗？"

"可是，王金钟和林桂兰都不应允。"

"这……"

刘氏这才想起崔名贵的为人，心下也就踌躇开了。

见刘氏沉默，崔名贵又把瞎老舅早已编排好的话说了出来。他说："这事不能硬来，关键时候就得你出头了。原先我家跟王家说过，人家不同意。可美子个人啥意思，咱不知道。你能否让美子到你这边来，你我单独跟她谈谈。"

欠人家的人情，又听说得在理，刘氏不假思索地说："咳，这还难吗？让她过来住几天，然后你过来和她谈。这事包在我身上！"

"那，就全靠大姐费心了。"

崔名贵狡猾地笑了笑。

就是今天提起这事，当地的大娘们往往还会说："当初那事，就怪美子她老姨呀！"

中秋过后，北方的天气渐渐凉了。但阳光依旧很亮。地了场光的原野上，一群牛儿在垄沟里捡散粮吃。天上有大雁，雁嘎嘎叫着，一队队向南方飞去。

这一日，美子接到老姨的信儿，让她过去帮着干点农活。

姐姐林桂兰说："妹，你去吧。咱姨一个人，过得也挺不容易。你就在她那儿住几天，帮她拆拆棉衣……"

美子准备上路了。

她沿着闪闪亮亮的松花江走，原野一望无垠，天是那么蓝，而且很醉人。她的心里很舒坦。

这年，美子已经 15 岁了，出落得十分丰满。而且，她也悄悄地有了自己的心上人，就是姐姐家雇来的纸匠伙计小亮子。

小亮子自幼无爹无娘，是跟着姐姐长大的。姐姐出阁后，他就四处打工。心灵手巧，来王家纸坊两年，什么捞纸、晒纸、碾浆、上坨、压杠、打张，样样精通，小小年纪，已拿到"大劳金"的工钱了。

不知为什么，美子每回端水来到小亮子面前，手总是不由自主地发颤。

有一回，那热水洒在了她的手上，旁边没人，小亮子抓过她的手，放在自己嘴上吹。

"叫人看见！"美子抽回手。

小亮子说："开水烫了，得用唾沫。而且，男的烫了，得用女的唾沫；女的烫了，得用男的唾沫……"

"你坏！你坏！你真坏！"

美子捏起小拳头，使劲地擂着小亮子宽厚的后背，笑得那么开心，那么甜。

记得她刚来到姐姐家，每天一觉醒来，见天色已经快要亮了，便一骨碌爬起来，穿好衣服，走出屋去，站在院内向四周看了地下。她见柴火堆头有些乱，便拿起耙子搂了搂，又用扫帚扫了扫，见收拾利落了，这才把工具放在一边，准备回屋里去。蓦地，想起一件事来，她见这柴火堆，这几天下得挺快，如果不及时地补上，有多少柴火是经不住烧的。她想，过日子也跟这捡柴火一样，要日积月累，不然，一旦缺损得多了，要再补就困难了。看来，这都是些眼眉前的小道理，但是只有在有心人的眼里才能被发现，并能够当作是一回事的。她想到这里，没有再进屋。因为她刚才出屋时，见姐姐还在睡着，她打算让姐姐多睡一会儿，不能惊动她。于是，她摸起耙子，悄悄地奔出大门，向大山走去了。

其实，她姐姐并没有睡，而是静静地躺在那里。此刻，她的心并非是那样乱了，倒冷静了许多。她想什么呢？今后的日子怎么办，如何肩负起这个生活的重担。这会儿，她见妹子走出院子，也没有细问，事实上是用不着多想的，她是知道自己妹子的，她是明白她的去向的，她虽然才 14 岁，却全能顶个人使用了。不知咋的，她一想到这里，仿佛身上蓄满了劲儿。她一翻身爬起来把锅添上些水，开始点火做饭。今儿个，她的早饭有些特殊。除了用笊篱捞了一泥盆小米饭外，还借着锅里的热气煮了十个红皮鸡蛋。待她把这些收拾利落，一轮太阳由赵大基山尖上升起来了。

于是，她站在门口，呆呆地望着那太阳升起的地方。

不多一时，在那轮又红又大的太阳前面，有一个拳头大小的鸟窝样的东西在涌动。那鸟窝越来越大，越来越清晰了。那鸟窝前，端地有一只鸟儿在振着翅膀飞。

呵，她看准了，那个鸟儿，正是她的妹子，那个鸟窝，正是妹子背上背着的柴火。

这会儿，在她眺望的眼睛里，有一颗红色的太阳在跳动。

她笑了。

妹子进了院，她帮助妹子从背上把柴火解下来。然后，把可爱的妹子领到屋里，眼看着妹子一口一口地吃着饭。

待妹子吃完饭，她站在屋地上，轻声地叫道："美子！"

妹子来到姐姐面前。

"给。"姐姐把书包拿给她。

妹子有些吃惊。

"把书包背上。"姐姐说道。

妹子有些不解。

"背着书包上学去。"姐姐催促着。

妹子怔怔地望着。

"这是爸妈临去世时说的最后一句话。"姐姐眼睛有些微红了。

"无论如何也要把这季书念下来。"

美子明白姐姐的意思,她什么也没有说,顺手接过捧在姐姐手里的书包,转身就要走。

然而,姐姐却又把她叫住,将一个白条子筐交给她,那里面有十个红皮鸡蛋。"把这些带上!"姐姐说。她这才顶着一轮上升的太阳,向学堂走去。

十个红皮鸡蛋,她没有吃。到学堂后,她送给了老师。关于她父亲的事,老师早已听说了,满以为美子不会再来上学了,一定要辍学了,这几天,他正惦念着这件事。没想到,竟如此出人意料,美子又来上学了。

这是一个月光明亮的夜晚,老师和美子坐在一起,两个人一句一句地谈唠起来。老师没有向她问起父亲病逝的事,而是讲起一个关于《半本书》的故事。那是在很早以前,有一个穷人家的妹子，好不容易得到一个念书的机会。她在学堂里，书念得很刻苦，学习成绩也很不错。老师满以为她会有成就，能够成为一个有用的人。然而，就在她学习了一半的时候，家里遭到了不测，失去了双亲。这个学生一看，便决定不再念书了。

一天，她来到学校，向老师作别，忽见老师居住的窗台上放着半瓶子醋。于是，她向老师问道："怎么不将醋打满呢？"老师说："这瓶醋，本来是满的，打的时候，走在半路上洒了一半。打醋的人见来时的独木桥被水冲走了，渡不过河了，有些害怕，便没有再将醋补上，因此只是这半瓶子醋。"这个学生听了这话，似乎悟出一个道理来，便坚持把剩下的一半课程学完，后来终于有了大出息。美子听了这个故事，点了点头，说："我还有半本课本没有读完，应当坚持到读完。"她又说："老师，你用语言讲出了学堂里半本书的故事。我姐姐，用无情泪讲了生活中半本书的故事。看来，读书才是走完人生的一半，明天的一半怎么走呢？"

夜里，她梦见半拉月亮复圆了。

月亮，在长白山里的松花江上升起。

五、淘金梦碎家落魄

那时的长白山里的松花江边，王金钟家的纸作坊"晒德亮"，已十分隆重、出名，这5亩地的大纸坊，四周以木头和坏头子围上，大院子里堆着一大堆、一大堆的成纸，门口的大道上，总有一些拉纸的大车，等着装纸、运纸……

纸作坊的纸，全要事先打上捆，纸捆分"刀"，一刀二十张，一捆二百刀，又沉又重，要由人从跳板上扛上去装车，这是纸作坊的苦力。

小亮又是指挥装纸的"工头"，他的师傅，就是专门记账的老二哥，一位老成又有心计的老纸匠。

晒德亮纸作坊要买碾子和打拉子的牲口，这得需要资金哪！这事儿，对王金钟来说，得想办法呀！

创业，是人生走向成熟的里程碑。这，如关东七月的高粱即将秀穗，似松花江上扬起的风帆即将出航，如离娘断奶孩童开始学步。

王金钟和妻子、妻妹，见纸坊发展缺资金，这天，他把做纸匠活用的工具箱整理一下，又换上了条新的背带，准备去镇里买碾子，又背上纸帘子，准备去镇上修一修。这时，正当他一脚门里一脚门外的时候，迎面走来一人。

王金钟搭眼一看，不是别人，正是他的叔爷王景民。

王景民，那年52岁，是太爷爷王景隆最小的弟弟，是个木匠，属虎的，身体长得壮实，正在当年。现时，他有二男一女，儿子名叫王秀山、王甲山，女儿名叫翠蓉，还有个乳名叫小花，才11岁。好在他的两个儿子都大了，家里能够脱离开了，他准备出外闯荡一下。今天来到这里，就是为着这事。

此时，王金钟和他的妻子林桂兰，正把纸坊办得红红火火，但又缺少资金再发展。

但是，做买卖是要有资本的，现在手头上还是空空的，还不能说这个话。王金钟就是这样的人，任何一件事情，只要是他没有十分把握，没有一个准当的头绪，是从不说出口的。

事情说来也算巧，正当他有了这种想法时，他的叔叔王景民找上门来了。

王景民，他是个很有头脑的人。他觉得天底下是空的，只要用心去琢磨，肯用精力去闯荡，没有走不通的路。再说，世上七十二行，哪一行都可以吃饱饭，何必单靠着种庄稼和做活呢？今天，他来到这里，就是为着这事。他见王金钟又把抄纸的帘子背起，便说道："金钟，把帘子放下。"

常言道："有父从父，无父从叔。"金钟听了景民叔叔的话后，便把纸匠箱子从肩头上摘下，放到地上，然后一屁股坐到箱子上，问道："叔，有事吗？"

"嗯。"

"叔，啥事？"

"哦……"

"叔，说吧。"

"啊……"

王金钟有些莫名其妙。心想，叔叔今天是咋的了，怎么这样说话呢？他回身一看，见妻子站在背后，正用腰上的蓝围裙擦着手，便有些明白了。于是，他对妻子说道："桂兰，我和叔叔合计点事,你先烧火做饭去吧,待合计完了,我再告诉你。"

妻子也是个明白人,看了看,笑了笑,到外屋去了。

正是这个意思。景民觉得侄媳妇在跟前有些不好说。那么,到底是啥事呢?

王景民说道:"金钟,你想当一辈子纸匠吗?"

"那倒不一定。"金钟说。

景民说道:"如果不是那样,我倒有一个打算。"

"怎么个打算?"金钟说。

王景民说道:"你不是说想发展纸业吗?你不是说当纸匠也得有钱吗?咱们也可以找地方捞它一把。"

"啊?有这种地方?"王金钟眼睛一亮。

"对。"接着,王景民就讲起来。

原来,前不久,有个叫李老鸹的淘金汉,由黑龙江淘金回来了,告诉王景民说,那里的金子厚,有沟就有沙,有沙就有金。可是,都是些毛金,没有提炼,更不会打制。如果在长白山找个出金子的地方,让伙计们在纸闲时出工,那可是一本万利。在那里干上一年二载的,说不定会弄几个纸作坊回来呢。

金钟听了叔叔的话,他把两只手一拍,说道:"啥时走?"

"现在。"

原来在当年,这纸作坊的活,是个季节性的工种,往往是夏秋季,天气又干又爽,阳光充足,纸坊开始操作,便于晒化、晾纸;而冬春季,纸作坊处于闲季,何不让工匠们在这个季节进长白山里去淘金呢？现在，叔叔正好也出了这么个主意。

而在长白山的桦甸，离着么带露河赵大基山不远，为啥不大干一场，创一番事业呢？于是他安排妻子在纸作坊领工，他便和叔爷起身进山了。

再说，当美子来到姨家时，崔名贵正在么带露河一赌友家里狂赌。美子放下包袱就干活，里里外外拆了一大堆棉衣，姨特意炒了几个菜，还烫了一壶白酒。

下晚，火炕上放了桌子，二人盛了菜，双双坐下了。刘氏说："美子，今天你累了，姨要好好犒劳犒劳你！"

"可是姨，俺不会喝酒！"美子一劲儿推让，但也架不住姨娘的热情劝说，就喝了一点儿。

可是喝一口，就有两口，不一会儿，就把美子灌个烂醉，刘氏将美子扶到里间，放倒在铺好的被上。

这时，崔名贵从赌友家过来了。

这刘氏，本也是个轻薄之人，林桂兰当初怎么能知道她同崔名贵设计让美子上钩的事啊？

次日天明，美子酒醒，见那崔名贵像一头猪一样睡在她的身边，鼾声如雷。

美子什么都明白了，她已被人夺去了宝贵的童贞，再一看旁边的炕沿上搭着一方素帕，帕上有点点殷红的血迹。

她又羞又愤，忍不住抡起巴掌，照着死猪一样的崔名贵，"啪啪"就是两个嘴巴。

那崔名贵一下子从炕上跳起，摸着红肿的脸，一看是这么回事，又浪笑了，说道："妹子！打得好！再来两下？"

美子一声痛哭，扑在炕上，崔名贵趁机溜走了。

"亮子哥！俺对不起你……"

美子哭着，解下自己的腿带子，搭在梁上，就要悬梁自尽。

这时，刘氏看见崔名贵跑出去，知道出了事，急忙奔回屋里。一见美子要寻短见，二话没说，上去将美子抱了下来。

这刘氏虽是女人，但她是心狠心硬的那种女人。见事已到这个份儿上，她眉头一皱，计上心来，就抱住美子不放地劝开了。

"美子，不能这样！你若出了三长两短，你姐姐该怎么活？你们没了爹娘，姐妹两个相依为命，现在既然事情已经这样了，也就得如此。再说，这事谁也不知道。女人早晚有这天。唉，也怪我，我咋就不在跟前？你打我吧！你骂我吧！你杀了我吧……"

说着，这刘氏"扑通"一声，给美子跪下了。

美子毕竟是孩子，姨是大人，姐又惦记，她连着哭了两宿，一想，生米已经做成了熟饭，哑巴吃黄连——有苦说不出，只好把这件事压下了。

话说王金钟正准备下洞，忽然有一个声响由背后传来，待他回头时，只惊喜得他一下子扑上前去，将那人抱住。

看到谁了？

原来遇上了淘金汉李老鸹。老鸹是个外号，真名叫李相臣，由于他走路那两条胳膊一摆，像个老鸹在飞，再加上他水性好，在松花江一带还有一种名叫水老鸹的鸟，偏好在江中浪尖上飞，因此，人们便把他叫成"李老鸹"了。叫常了，那个真名便无人知道了。李老鸹这年30多岁，比王金钟大十几岁。有一次在延吉时，王金钟给珲春庙会送纸，认识了李老鸹，见王金钟很精明，便答应他出外淘金时，好把王金钟带着。万万没有想到，今天在洞口前相遇，怎能不亲热十分！这时，李老鸹正在金矿做把头，也就是淘金汉的实际首领。

李老鸹见淘金汉们都匆匆地忙着下洞，便叫过一个人来，让他代班，自己准备领着王金钟在金矿走走，看一看光景，再招待一番。王金钟年轻气盛，血气方刚，对什么都感兴趣，便随着李老鸹在金矿上转了起来。

在王金钟的想象中，桦甸老金场金矿一定是个很了不起的地方，可是当他和叔叔来到要老金场金矿一看，竟是这样简陋。

排排低质的席棚子，放着几个破烂的行李卷。也有几处是一些高点的土坯房，那便是工头、把头们住的地方了。在这些席棚子和土房子的后面，坐落着一个小山头，那个山头的东侧，便是哗哗奔响的水流，此外，这里与乡村没什么两样。不过，别看房舍破烂，设备简陋，却有一个使人意想不到的情况。这里的工头、把头跟淘金工一样下洞，一样上流子，一样过帘子，一样拿疙瘩，到了危险时，都抢先冲在前头，分红竟然跟大家一样分，一点儿不多拿。然而矿里规矩却严格，如果发现有人私下往腰里揣小份，那将是不客气的，处治的方法只有一个，用绳子捆绑在山中的树林子里，活活地让蚊子小咬吃掉。这里蚊蠓小咬实在厉害，有人说它大的有火柴匣大小，那是有些玄乎，不过也确实比其他地方大些，而且多。不要说别的，只要把人捆在树上，四五天过后你再去看，就只剩白花花一副骨头架子了，肉和肉脉全没了，尽管如此，那些贫穷的淘金汉，如急等用钱的王金钟还是要来到这里拼一拼。他们也真是勇敢、剽悍。江北胡子多，对待前来行抢的胡匪，他们也是无所畏惧的。淘金汉身后屁股上，总是别着一把小斧子，那小斧子，是把板斧，名叫玻璃斧子，磨得雪白、瓦亮、飞快；到了晚上睡觉时，也把这斧子放在枕头下，要有个风吹草动，就抢起来拼上几招。当胡子，是把脑袋别在裤腰沿上的；当淘金工，也是把命攥在手心里的。因此，凡是来淘金的人，都有一个不要命的脾气。常言道："硬的怕愣的，愣的怕不要命的。"就是这些淘金汉，当胡子的都怕上三分。说来，这可真是个穷人的天下，自由的王国，真正的粗犷的人生所在地。不知多少年了，曾有一首古老的歌谣在这样飘荡着：

关东有座古老的金矿，

关东城有座古老的金厂。

那里的金子沙子一样黄，

那里的沙子金子一样亮。

流子里流下汗珠一滴滴，

沙子里留下脚印一行行。

一把子板斧腰间上别哟，

谁管它明天道路怎么样；

一盏子风灯头顶上戴哟，

谁管它明天是黑还是亮。

我是关东的淘金汉哟，

留下的故事都长了翅膀……

王金钟来到金矿后，首先在粉沙流子上干了起来。粉沙流子，那是金矿掌子上最苦最累的活。这个活计，就是把那些从洞子里采出的含金矿石粉成碎末。在那个时候，尚没有球磨机之类的机械设备，全是用手工，用手锤一点点捣，直到捣成粉面子一样为止。这个粉沙流子，不要说累，就是每天抽到肚子里的沙面子都有几钱重。金钟，没有吱一声，他硬是用手锤敲打着。没过多久，过水流子上少了一个人，工头便要他去打掌子。过水流子，就是将已经粉碎了的金沙用水冲洗，金子重，沙子轻，是沙子的，都流走了，是金子的，都沉下了。这个活计虽然没有粉沙流子苦，但是也够费眼睛的，要一时盯不住，水流子来得过猛，那金子就要随浪头跑了。这道关口看不住，淘金工的汗水就算白流了。大约是又过了半个月的光景，他又被分配到打帘流子上。打帘流子，就是编制过滤沙金用的竹帘子。这个活计，是轻一些了，也比较干净了。但是，有一点很要紧，打竹帘子要技术，那

118

竹帘空隙也不能过大也不能过小。空隙大了，金子也随着漏过，等于白费；空隙小了，金子卜不到底，为此，这道流子总是固定着一个老师傅，严加看管。可是，万万没想到，王金钟这打纸帘子的"纸匠"，打这个金簸箕，比谁都干得好。据说，来到金矿的人，都要经过这样几道工序。待这样几件活计熬过了，把头才会派你下洞去采矿。

有人要问，那采矿的活计是个粗活，又是累活，怎么最后才到这里呢？岂不知，淘金的活，关键都在采矿上面，矿富、矿贫、含金成色高低，全仗淘金工的一双眼睛了。要不，人怎说"淘金工的眼睛比金子还亮"呢。再说，那些大块的天然金疙瘩，都是下洞发现的，它是藏在那矿石缝隙里的，要不留心，那金疙瘩就要随着沙石被扔掉了。按规矩，取得大疙瘩后，还要给财神码子供猪头、上羊头，更隆重的还有杀牛的。得到金疙瘩，金矿贺喜三日，并给发现的人休假一月，成色照样。原因就有一个，他被看成是"福人"了。

单说纸匠王金钟，他在桦甸金矿里熬过上流子几道关后，就要开始下洞子了。

淘金，跟采煤不同。采煤掏洞子，几乎是向地底下挖去，往往越深越好。淘金掏洞子，则是平斜地向山里做去，往往是大山多长，洞子就要做进多深。

这种平行做洞子，危险性是很大的，再加上那个时候设备简陋，所以经常出事，但是，那些想从淘金中获得改变命运资本的人，则把这些全甩在一边了，只是一个劲儿地掏掏掏，一心干干干。

金钟头一次下洞，看到那阴森森的洞口，那支嘴獠牙的洞壁，不由得有些毛骨悚然，然而，他身边有淘金汉、老把头李老鸹，就有了主心骨，什么也不怕了。

一个蜡头制的照明灯，叫"炉虎子"，在头顶上闪着，那些个巨大的人影子在眼前晃动着。王金钟走着走着，忽见前面壁缝里钻出一只耗子来。那耗子看了看人，竟然一点也不害怕，而是坐在那里用前爪捋起长胡子来，王金钟看着，觉得可笑，便拿着手中的钢钎子去追。

那粗大的钢钎子往岩石壁上一碰，只发出哨的一声巨响。这声音被李老鸹听到了，他急忙地赶了过来，向王金钟问道："出了啥事？"

"出了一个耗子。"金钟漫不经心地说。

"耗子？"李老鸹有些大惊失色。

王金钟见了，问道："咋的？"

李老鸹道："咋的？那耗子是山神爷的马呵，可得罪不得呀。而且它一出现，就要有倒霉的事情发生。"

李老鸹说着，就传话告诉前面下掌子的人要注意点，不要太冒失了。然后，他自己把怀里带着的整支香，插在洞壁跟前，用头上的蜡头点着，又拜了两拜，祷告道："山神爷多加保佑，我们求财，你也望喜，待我们拿到大疙瘩，平安无事，定会给你上整猪整羊!"

祷告全毕,李老鸹这才带领着伙计们继续前进。

他们在一个大掌子面外停了下来。在蜡灯的照耀下,王金钟看着那洞壁上的石头都闪着金星,斑斑点点,不用问,用肉眼就看得出那是含金的矿石了。王金钟看了一阵子后,便来到一块巨大的矿石跟前,用铁钎子一下一下地做起来。

李老鸹有些放心不下,便走过来看了看,见王金钟采石还真是内行,便也就放心了。这倒是不假。在家乡二道河子时,没少跑大山,采石头、打石头的活王金钟的祖上也没少干哪。

在洞子里,不觉时光过得快。李老鸹根据烧着的香头计算,天头已经来到晌午了,于是,李老鸹便发下话,让大家休息,打午尖。淘金汉的午餐也很简单,都是怀里揣的苞米面大饼子,外加两块咸菜瓜子。淘金汉们,把那采矿用的锤、镐、钎子往地上一放,然后往上面一坐,或者往石壁上一靠,便吃了起来。那手都没有去洗,那手指头捏在干粮上只留下一个黑黑的大印子。

李老鸹见大家都吃好了,又从洞子里的水坑中舀出点水喝了,便让大家起来,开始采矿。不歇便罢,要是歇过了,猛不丁地再起来,身子都有些酥了,那些淘金汉伸着懒腰,开始龇牙裂嘴地干了起来。

这会儿,李老鸹见把活计都安排好了,也没有往别的地方去,便贴着王金钟跟前干起来。李老鸹边干着,边还向王金钟讲述着辨别金矿的知识,采集金矿的办法,以及如何往外背送,等等。王金钟听着，觉得开了不少的眼界。

李老鸹，真是个好把头，他光顾指导大家采矿了，把自己全忘了。这会儿，正在他跟别人说话时，王金钟忽然地觉得有一块小石头从头顶上掉下来。王金钟以为又是耗子出来闹腾着玩呢，便把铁钎子停下，用眼向上看看。这一看不要紧，紧接着又叭叭地掉下两块拳头大小的石头。他产生了一种异常的感觉，顿时警觉起来。因为他想起纸厂干活时，常听人讲，石头如像纸一样翻动响，就有大难到现场！这类情景，这就是冒顶前的"叫山"。

片刻，他再一细看，只见李老鸹站立的那个地方，洞顶上有一个碾盘大小的石头似乎与周围的石头脱离开来，正泰山压顶般地向那李老鸹头顶压去。王金钟见状，知道呼喊已经来不及了，便把铁钎子牢牢一握，一声不响地冲了上去。待来到李老鸹身后处，只把那根锄杠粗的铁钎子顶天立地地牢牢一立，牙关一咬，两只眼睛瞪得都有铜铃般大小。正这当儿，那块巨石压了下来，正好落在那根挺立的铁钎子上。常言立木能顶千斤载，何况这是一块铁呢？只把那大石顶在一边，只听咕咚一声，石头落地去了，洞子里卷起一声回响。

李老鸹完全被这突如其来的场面惊呆了。待他看明白后，一把抱住王金钟，竟呜呜地哭起来，像个孩子。

再说美子，她在姨家待了几天，又赶快回康大腊屯的姐姐家去了。

她失去了往日的那种天真活泼的热情，每天的言语少了。姐夫不在家，姐姐只当妹子是干活累了，也就没当一回事。

这日，小亮子上船场赶集回来，特意给美子买了一瓶梳头油。

下晚，他悄悄来到美子的小屋窗下。

他喊："美子，你猜我给你买来了啥？"

屋里静静的，没有回声。

小亮子感到奇怪，每一次他一喊，美子就会立马出来，于是说："你出来，咱们上房山头，还是那棵杨树下，我等你！"

可是，屋里的油灯，一下子吹灭了。

这是怎么了呢？小亮子怎么也猜不透发生了什么事。于是，他把梳头油放在窗台上，悄声对屋里说："东西放这儿了，你待会儿别忘了拿！叫人知道了该说闲话了！"

说完，他悄悄躲在房旁树后。

许久，屋门开了。只见美子拿着小亮子给买的梳头油回了屋。小亮子以为她会喜欢，就悄悄地站在那儿听，屋里却传出她悲伤的抽泣声。

那时王金钟跟着李老鸹和刘皮袄在桦甸金矿淘金，真就挣了一大笔钱，他高兴地带着金子回到了故土，准备和妻子桂兰商量，再开一处老纸作坊，东北人用老纸的数量越来越大，他这真是赶上机会了……

这一天，崔万广捎来信，让王金钟到崔家来一趟。王金钟不知什么事，但是一个村屯住着，再说，人家又是大户，就去了。

崔万广见了对方，说："坐下吧。"

王金钟说："有事？"

"没啥事。"

"没啥事，你叫俺来干啥？"

"有点事。"

"啥事？"

崔万广直截了当地说："把你家的那5亩黑土地，卖给我家得了，正好俺家的地可以连成一片。"

王金钟一听，说："就这事？"

"对。"

"祖一辈父一辈留下的，不能啊！再说，我那地，如今开了纸作坊，工人们都在干活呀！"

崔万广冷笑一下，说："姓王的，你想想，不行也得行！"

王金钟也笑了一下，说："世上没听说过这个理。我自个儿的地，咋你说了算？"

"如果头些日子说这话，还行。可现在不行了……"

"为啥不行？"

崔万广神秘地说："想听？"

"想听。"

"那好，把你妹子给我们崔家当媳妇吧……"

"这不行！我们小户人家，不能攀高枝呀！"

"真？"

"真。"

崔万广点上一支烟，边抽烟边神秘兮兮地说了么带露河村发生的一些事情。然后又加了一句："现在，她给我当了儿媳妇，我还不要了呢！她已和我儿子有了事，处女红的素帕在我手里，说出去，你们王家在人前没个活法……"

"哼，你少来这一套！"王金钟根本不信。

"不信？那么你想看看证据？"

崔万广又冷笑笑。他磕磕烟锅说："那么，我这就给你找东西！"

他回身上了炕，拉开炕墙的门，在里面翻着。王金钟只觉着脑袋轰的一声，一转身跑出了崔家。

到了家，王金钟急忙把屋里的林桂兰拉到一边。他气坏了，他把崔万广找他的事说了一遍。又加了一句："这家伙是想要咱们的地，想夺咱们的纸厂！美子的事，我看没有！"

林桂兰听后，先是吃了一惊，但又一想，这怎么可能呢？这不过是崔家想夺他们的生意而已，于是便说："多损哪！就不给他地！更不能给他咱们的纸作坊！"

于是，夫妻二人睡觉了。

可是，姐姐心中忽地起了疑惑。是啊，这些日子来，她发现妹子好像有什么心事，话也少了，也不常在人前走动了，好像变了个人似的。莫非……

姐姐林桂兰再也不敢想下去，她摸起衣裳又穿上，对丈夫说："你先睡，我去妹妹那取双鞋样来！"

妹妹美子一个人住在房山头的小屋里，林桂兰去时，美子已经睡下了。

进屋后，姐姐挨妹子坐下，眼睁睁地看着妹子，妹子仿佛知道姐的心事，就扭过脸去。

林桂兰说："妹，你有心事？"

"没。"

"不对，你一定有什么话，难道不好对姐说吗……"

"没有就是没有！"

"咱俩没了父母，一起相依为命，有什么话，你不能对姐说的？你说说，你和崔名贵那小子，难道有……"

"姐，快别说了……"

大颗的泪花，从美子脸上流下来，她一下扑在姐姐的怀里，哭上了。

林桂兰一把推开妹子，上去一个嘴巴，质问道："你，你呀！什么时候？"

这一来，反而把美子打醒了。一个大姑娘，出了这样的事，就是在亲生姐姐眼前，也不好出口哇，于是她推开姐姐，说："你回去吧！没的事。"姐姐林桂兰气得一甩身走了。

一切都了然啦。

姐姐已经知道发生的事了，姐姐知道了，姐夫也得知道。将来侄儿们也得知道（那时林桂兰已有了两个孩子），而且小亮子和纸坊的纸匠伙计们，也都得知道。

美子越想越感到可怕，她于是想到了死。

可是，死也不能白死！

这天，趁晌午大家刚刚吃完饭在歇着，美子揣起一把刀子出了院子，来到崔家门前的一个小土房后守着。

那天，崔名贵刚刚要完钱，在赌友家睡了一觉往家走，他唱唱咧咧地，半闭着眼睛哼着东北民歌五更调：

送情人直送到大门西，

一出门碰上个卖梨的，

奴要给你买突然又想起，

情郎哥他不能吃那凉东西……

美子听着，恨得直咬牙。

等崔名贵这小恶霸刚刚转过纸坊的小土屋，美子掏出刀子就刺。可是，由于女子力气太小，只刺破点对方的皮肉。崔名贵连喊救命，一帮家奴跑出来，一看有人持刀行刺少爷，顿时围上来，崔名贵明白是咋回事，他从家丁们手中接过刀，照着已被按住的美子的肚子就刺去，美子一声惨叫，倒在血水里。

崔名贵把美子给捅死了！出了人命啦！

打官司吧。

可是，崔家有钱有势，早已派人在永吉县衙那送了厚礼，林桂兰告崔家杀人，崔家不承认，说是"自卫"；王家告崔家强奸民女，可妹子已死，没有留下证据。其实，就是有证据崔家也得抵赖是美子勾引他，王家多次去告，无奈县衙就是不管，而且，还按照崔家的旨意，把原先王家的纸作坊划给了崔家，说以此来抵崔家的债，这真是天大的厄运！而且，按县衙的判令，原纸作坊的人员，都要原封不动地做崔家的劳力。而在这次打官司过程中，王金钟挣来的一些金子，本打算再进些碾子，再开个纸厂，这一下可好，都搭进去了不说，还搭得所有人都成了崔家的奴隶。

初冬，林桂兰安葬了屈死的妹子。

纸匠们含泪给美子打制了一具水柳木棺材。小棺材精精致致的，这些纸匠都是巧手的人，棺材里铺着晒德亮纸作坊厚厚的毛头纸，纸坊不缺纸，纸，就是故去的亲人的被子，多垫些吧，棺材外刷上红油、浆上花卷，十分好看。

大伙含泪把她装进去。

"妹子呀——"林桂兰疯了一样扑在棺木上。

大伙都泣不成声了。可是，丧事还没完，新纸坊"掌柜"的崔万广就来逼工人："快！上工！不许耽误出纸，捞纸！今天，阳光好，快去晒纸！"大伙气得直骂！但是没办法，人家崔家已经是纸作坊的新主人啦。

美子的坟，在康大腊山脚下，背后是大山，前边是开阔地，远望就是滔滔远去的松花江。

新坟埋起来了，小亮子总来上坟。

他隔三岔五来一次，坐在坟前，他把带来的香烛纸码点上，然后自言自语："妹子，你真走了？怎么好好的一个人，说走就走了？说没就没了？妹子，我不信你走，这不是真的，我们得给你报仇！"

小亮子也从此成了两个人。

这天，崔名贵的瞎老舅又来到康大腊，一进门就说："趁热打铁！趁热打铁！"

崔万广说："什么趁热打铁？"

"唉，趁着现在，把他们这些人，都解雇！他们都是林家的人，一个心眼儿！"

"怎么个解雇法？"

瞎老舅又一五一十地说出了他的鬼点子。

这天崔万广叫人去领来一个屠夫，说："我把这头牛卖给你了，八块大洋。"

"这么贱，老爷？"

"老爷可不贱！"

"是是，俺说走了嘴了……"屠夫吓了一身汗。

"老爷不怪你，但你给老爷办点事！"

"说吧，老爷。"

"你夜里把这头牛割伤，朝王金钟纸坊那些伙计住的工棚子那儿赶去，让血印子滴到王家纸坊，再把它杀了。然后，我再给你一头牛！"

"好吧，老爷。"

这屠户见钱忘义，贪图钱财，真就把这头牛砍伤，然后牵出崔家，又把牛砍倒在王家纸坊的房山头处。那时，由于崔家占据了王家的纸作坊，把伙计们都逼到纸坊后边的一个角落的棚子里，是个从前装纸的大院。

天亮了。

崔家吵吵牛丢了。

王家纸坊照样开工生产，造纸。

可是，刚刚把牲口套在纸浆碾子上，几名县府的捕快就进了院子，不容分说，就给王金钟脖子上套上了索绊。

"你们干什么！"王金钟火了。

"你偷牛！"捕快说。

"有什么证据？"

"血印子！"

"血印子？在哪儿……"

"哼，让你死个明白！"捕快把他拖出大院，他一看，门口真有血印，直通墙下，绕到房后，真有一头被砍死的牛。这还有什么说的？王当家的就是浑身是嘴也说不清啊！当下，当家人王金钟就被捕快带走，投进了大狱。

又有一天，有人"笃笃"敲门，是崔万广来拜访。

那时，丈夫已在狱里押了半年了，林桂兰又是当家，又得照顾 2 岁和 4 岁的两个孩子，还得照顾纸坊生产，累得焦头烂额，负债累累。崔万广进了屋，开门见山地说："大妹子，没别的，把你们装纸的大院，还有你和你的手艺，也都归我们崔家才行啊……"

"我要不归呢？"

"那说不定要出啥事！"

"要归呢？"

"你家一切灾都可免了。"

"啊，是这样。"

"那么，你同意了？"崔万广一听，开始很乐。

突然，他听林桂兰怒骂道："你，给我滚！"

林桂兰银牙一咬，操起棒子把崔万广赶了出去。跑到院子里，崔万广冷笑一声，回头说："姓林的，咱们骑毛驴看唱本——走着瞧！"

崔家纸作坊里的工友，大抵都住"风棚子"。

这风棚子，其实就是造纸厂的窝棚。

崔家纸作坊他接手后，那厂房，外表真挺像样啊，可苦力们和小头头们住的都是用泥坯和秫秸编的草房，就是外来买饭的老客会面，也在这种房子里，因泥皮和秫秸一干，四面通亮，晚上躺在里面，能瞅到天上的星星，能感到凉风的吹刮，所以大伙都管它叫"风棚子"。

纸行和造纸是有季节性的，一到初春、深夏，原料供不上，厂里就要歇碾。家在本市或不远的，有家有业的，都回家守着老婆孩儿去了，于是，风棚里剩下的都是山东、河北、安徽、江苏一带闯关东来的苦力了，他们没有回关里家的盘缠，再说回去了，怕纸厂一开碾，人手够了再失业，于是干脆住在纸作坊里，等待着忙季，他们在寂寞和孤苦中打发时光。

他们，大都没有家，没有积攒，谁要上街溜达，就借衣裳走一走，平时在风棚里盖着被躺在被窝里闲磨牙，破闷、猜谜、穷啃、打哑谜、讲荤故事；再就是走五道、下连、憋死牛、打嘎、吹豆、抓"嘎拉哈"、看牌、押会、赌博、逗野鸡。

风棚里，整日有人哼哼着押会歌谣：

正月里来正月正，

音会老母下了天宫，

元吉河海都把经念哪，

安士姑子随后行。

二月里来是新春，

天龙龙江跳过龙门，

跳过龙门下大雨呀，

五谷丰登太平春。

三月里来三月三，

占奎女子又把菜剜，

出门遇着林根玉呀，

找到永生配姻缘……

这些"谱歌"都有讲。什么一彩陈板柜（木匠）、二彩王志高（山贼）、三彩李日宝（学生）、四彩宋正顺（打鱼）、五彩黄坤山（老店），等等，直到三十八、三十九、四十彩的人皇、地皇、天皇，真是会会有讲，五花八门。

这押宝纯属消磨光阴。因为纸匠成了崔家纸掌柜的奴隶，大家心里不甘不乐呵。

押宝往往是有押上的，多数是押不上。人们为了贪小便宜成天琢磨会长出什么"会"，想来想去都想邪了，于是就有了"讨会"的怪事，昨晚上谁做梦了。

一早上，人一起来，互相询问昨晚都梦见了什么。如梦见棺材押"板柜"，梦见小鸡押"光明"，梦见棒槌押"根玉"，梦见妓女押"红春"……

赌场会场无父子，风棚里动不动就使刀子，有时酿成重伤人命，崔家经常处理这类事儿。

赌博的玩法也挺特别，简直使人不可思议。由于这些工友兜里没有多少钱，于是就赌"罚"，谁输了，就要受到对方的惩罚。

有时用大铁锹撮一下子白面，足足有二十斤，输家不喝水要吃下去；有时输家要吃一帽兜子炒黄豆，喝两瓢凉水；有时输家头朝下倒立抓牌，要出完一圈牌才能完事。这些玩法，都是自己残害自己，折磨自己，使人心里害怕又痛苦。

每当秋天，风凉了。

天上的大雁嘎嘎叫着，一会儿排成"人"字，一会儿排成

"一"字，向南飞去的时候，晒德亮开始招"季节"工了。

这些季节工，也称纸匠，往往是短期打活的，只干一秋一冬，第二年春天，经过厂家挑选，认为可以继续留用的，就再重新办理长期工手续。他们都是各处农民，还得回去种地；也有闯关东来的，干上一季，再往前走，所以纸坊活的性质，正符合他们。

不管是季节工还是长工，都要有铺保才能招聘。铺保必须是两人，其中一人要在地方上有些名气，家里有一定的财产；另一个人要是厂里的工人。这两个条件缺一不可。

来报名的工人，要由两个保人带路先到门室"面相"。这里是头一关，如果门室的人看你不顺眼，就别想进考室。所以往往得给人家崔家门室的人打打小项，主要是香烟、糖块、点心、鞋袜之类。

进了考室，先由保人把来人的生辰八字、家庭人员、祖宗三代、性情爱好，说个清清楚楚，然后由账房总管问道："你来干什么？"

"学忠义，学仁义。"

"干活偷懒不？"

"不偷懒，不怕累。"

"如犯了厂规呢？"

"愿听先生处罚……"

然后，由各类把头掌柜领走，再分别派给碾头、垛头、院

134

心、账房、纸坊掌柜的等人物。

纸作坊造纸，是个极苦的活，要起大早起来剁麻、泡料，然后是开碾子，压纸浆。这些活，都得起大早。崔家为了拼命挣钱，根本不拿工人的命当命，就是逼着伙计们上工！上工！

为了多挣钱，那时崔家已将霸占来的纸作坊纸碾子换成了电动压纸，淘汰了车、马、驴拖碾压纸，那碾子只要一接上电源，"轰"的一声，巨大的石碾子便立刻一跳，在石槽上轰轰地滚动开了。

纸碾子一推上闸门，大地颤抖一下，紧接着，轰的一声，房、门窗、墙壁都抖动起来，大地也颤抖开了。

看守纸碾子的两个工友，一人手里拎着一筐纸料，不断往碾子里放料；一人手拿着一个搅棍，不断在纸槽子里搅拌……

皮带旋转时带起纸碾子上的狂风，扇得他俩的头发飞在后边，眼睛都睁不开，还得拼命睁，像两个魔鬼，可还在一个劲儿地谈女人，这两个工友一个叫李升，一个叫傻柱子。

一个说："你老婆白不白？"

另一个说："白。"

"胖不胖？"

"挺胖。"

"稀罕你不？"

"去一边的！"

傻柱子觉得不是好话，就呲了对方一句，二人一边说话，一边往纸碾子里加着纸料。

这时，一个工友一眼看到纸碾子上掉了一块儿，是纸碾没缠好。就说："大哥，纸碾子掉牙了……"（崔家为了省钱，该缠的碾子、磨，他们不及时找石匠。这称为"碾子掉牙了！"）

这是"行"话，意思是碾子不走正道了。

另一个说："在那呢？"

"在哪呢！"

那个叫李升的工友已两宿没睡好了，两眼昏花，看不清，他往前探了探身子，又探了探身子，他是想仔细看一下纸碾子裂的程度。这时，傻柱子说："加小心！"一句话还没喊完，只见掉牙的纸碾子，一下子裹住了李升的纸筐，李升身不由己一下子栽歪在碾槽子上……

那傻柱子一看，拼命喊叫："不好了！纸碾子磕人啦！"

"快！停车！"

可是，在五万伏马力汽轮机带动下的纸碾子，一开嗡嗡响，傻柱子的喊声比蚊子叫大不了多少，管闸门的人根本听不着。

傻柱子眼瞅着李升顺着纸碾子飞去，李升一手还紧紧攥住料筐不放，因丢了一个料筐，厂家要扣工钱哪！在经过料筐的一瞬间，傻柱子只听李升发出一声惨叫，一股血花飘了起来，就见他双手捂住眼睛，向后倒去……

只见李升的一只胳膊和料筐一起从纸碾子顶上落了下来。

纸房里的工人什么事也不知道，直到听到傻柱子拼命的喊声，才停碾。

这时，铜锣也敲响了。

大家跑到石碾间，发现傻柱子也挂在纸碾道槽的一个破结头上，一条腿折断了，亏得停机早，不然他也没命了。

而李升呢，只在地上捡到了一只胳膊。傻柱子断了一条腿，不能跟班挣钱，家里的媳妇一听，不久跟一个木匠跑到别处过日子去了。

李升的爹娘来处理后事。

崔家大柜只给了李升120块钱的丧葬费，李升的老娘捧着儿子的一条胳膊，哭喊着奔出了纸作坊厂子，一帮人在后边追也没追上，她一头扎进了松花江。

李升的娘的丧事，崔家纸厂不管。

小亮子急眼了。

这天，小亮子来到总管房，找到崔名贵说："李升死了。他咋死的，你清楚吗？"

崔名贵说："你清楚吗？"

"他死前还和我提出，纸碾子太破，可厂里的设备维修费他妈干啥去了？"

"你敢骂人？"崔名贵火了。

小亮子也火了，说："我赶大车的出身，没骂过人！"

崔名贵说："来人！把这小子给我抓起来！"立刻来了几个厂警，把小亮子给捆了起来。

可是当年，小亮子是造纸操作能手，他跟王金钟、林桂兰大姐，学到了真正的捞纸手艺，造纸离了他玩不转。崔名贵让人松了绑。

小亮子说："让我上班，容易。条件只有一个！"

"说吧。"

"好好安葬李升的老娘。不然我就领工人'起屁'（集体闹事)！"

一听这话，崔名贵立刻老老实实地说："行，行吧。"

迫于小亮子的手艺和安抚工人的情绪，崔名贵不得不给李升又增加一份丧葬费，并安葬了李升的老娘。

在造纸坊，最怕工人"起屁"。起屁，这是造纸厂独特的工俗，就是一个工头右手拿一个猪头，左手持一把刀，一边和掌柜的说话，一边往下削猪头肉，这叫"起屁"，纸作坊掌柜的都害怕工人这样。

所以，就在李升事件之后，崔名贵采用了许多"高招"，使工人不闹事。

他们偷偷地把工人分成好几等。

什么年轻的、劳金、打头的；什么院心、碾头、大车、垛头；等等，工人见到这些人，规定都要起坐，施礼。

在伙食上，也规定好几样饭食。

柜房吃一等伙，顿顿是米饭、馒头、四菜一汤；磨上的和院心又一种伙食，米饭、馒头、两菜一汤。其他的饭友的饭伙，就太不像样了，这也使工人们渐渐地恨这些工友，挑起了工人之间的不和。

"羊毛出在羊身上"，其实这是老账房的口头禅，他们对待像小亮子那样技术好的工人，也是不一样下菜碟。

账房专门有一个"福利待遇表"。

每逢过年过节，账房就按崔名贵的旨意，去"拜年"，其实是"打探"。

他到一些纸匠人家，如厂里用得着的"重点"工人家里，送上一袋白面或二三斤猪肉，说："过年好哇？看你来了。这一气子，你干得不错。今后往好了图哇！"

"那是！那是！"

"给你！"

"啥？"

"点点。"

又递过一个小红包，里边有个几元钱，最多了也不超过十元。

"给你的！别人没有。"

这些小恩小惠，能拉拢住纸匠们吗？

一年后的一个春日，王金钟终于从大狱里出来。他背着行李卷儿走到家乡的土道上，到了自家的地了，得看看他不在家这段日子，屋里的把地待护得咋样，他走进了地，一看石碑换成了崔万广的名，心里已明白了八九分。

进了家，一看老婆孩子已造得乞丐一样，穿得破衣打褂，瘦得皮包骨，就知道这几年家里连连出事，打官司告状加上狱中送礼，已经把家造毁了。

妻子林桂兰一见丈夫，扑在丈夫的怀里哭了。他知道妻子这几年说不完的苦楚，再不能埋怨她了。可是，他心里有一口屈气，没法出，于是卧炕不起，当年的秋天，王金钟就含怨过世了，一个好好的人家就这样家破人亡了。

如今，丈夫没了，妹子也没了，纸厂是人家崔家的了，那嗡嗡的纸碾子的转动声，听起来，每天就如一把把尖刀，直扎林桂兰的心哪！

六、报仇雪恨落草寇

今天人们每当提起花蝴蝶的故事，当地善良的大娘们都能讲上著名的纸作坊晒德亮这么一段让人想不到，让历史铭记下的奇特故事。其实，造纸，特别是中国民间的造纸，光是技艺吗？光是故事吗？其实，它有自己独特的文化，纸本来就是记"文化"的，纸的故事，能不生动、传奇吗？

事情仿佛在平静中度过，但平静酝酿着一种爆发，这就是地域文化的传奇，而一切传奇，都是生活逼出来的。

这天，林桂兰对纸坊的伙计们说："把院子里的鸡杀了，炖上……"

她又从箱子里翻出仅有的几块大洋，一人两块，分给了纸匠们，说："喂，这是我给你们大伙这几年的一点表示。"

纸匠们你瞅瞅我，我瞅瞅你，谁也不接。

主人家这几年的遭遇，纸匠们都看在眼里，太气人了，这是个什么世道。而且一连串的情况，他们都知道是谁所为，可又没办法。今天，他们看出主人林桂兰有点反常，于是就给"于捞匠"使眼色。

于捞匠叫于洪仁，因造纸全靠碾纸、蒸纸、捞纸（也叫抄纸），是纸铺行业的大技工，王金钟和桂兰培养出的大技工，人厚道，但胆大心细，平时有什么事，伙计们都推举他出头。这时，他也明白了大伙的心意，于是拉住了林桂兰的胳膊，说："我们不要……"

"就这点家底，你们拿着。"

林桂兰坚决地说着，递给于洪仁，又说："吃完这顿饭，咱们就散伙！然后弟兄们各走各的路吧！别在这儿受罪了！"

于洪仁说："大姐，不，我们不要钱了！"

"嫌少？"

"不，不是。这样的，你家的事，我们这些人，天天看在眼里。你是不是想报仇？"

"一个孤女，两个孩子，咋办哪？"

大伙早明白了，于洪仁说："你要报仇，大伙帮你！"

林桂兰眼里闪出光来。她说："只要你们帮，好！"

当下，大伙就商量了办法。

先把两个孩子安顿到于洪仁叔妈在桦甸的一个小手艺人家里，保管孩子冻不着饿不着，然后，大伙就详尽地安排了活动分工。

那是八月十五这天，镇上有庙会，崔家纸坊这日停了工。

林桂兰插死小仓子门，从门后把一块磨石找来，沙沙沙地磨起那把裁纸的钢刃子刀来，这刀是丈夫生前从宽城子关东老字号郑发铁匠炉买来的，已使用多年，只要一经水磨，立刻锋利无比。

小亮子、于洪仁等伙计们也在马棚和牛圈里各自地准备着夜晚的行动。

他们也许没有明确地想过这个举动之后该是什么下场，而是完全出于对老崔家的恨和对女主人的一片同情，再说，这种世道也真叫人活不下去了。

夜晚渐渐地来了。林桂兰在堂屋丈夫的灵牌前，点上蜡烛和纸香，然后"扑通"跪下去，眼里涌满了大颗的泪花。

她说："金钟，为你和妹子美子报仇的日子到了！今夜成败在此一举。如果成功，俺们和忠于你的伙计们就要远走高飞；如果万一有个闪失，我就去投奔你，你，在地下等着我！"

拜完了，她一口吹灭蜡烛，走出屋去。

夜色渐渐深了，康大腊村子都沉静下来，天上有闪闪亮亮的碎星，一直铺到天地尽头，远处，那条松花江，正静静地向远方流去。这条大江，是东北人心中的大江啊，每当人有了什么心底重要的承诺，往往对这大江私语，吐情。

她们这些纸匠，一行三十多人，手握刀刃，轻便地踩着春夜的草露悄悄地向崔家靠近。

当年，王金钟一死，王家的地也到了手，儿子的兽欲也得到了满足，崔万广根本就没把孤身生活的林桂兰放在眼里，所以自己又找了一个相好的小妾，两人在康大腊村松花江边弄了一间房子，度上了新婚蜜月，而那耍钱手崔名贵还是日夜狂赌在外不回家，家里只剩大老婆邱氏领着几个丫鬟仆人儿。

根据这个情况，林桂兰和大伙分工，她领着几个伙计去对付崔万广；于洪仁和亮子去赌家引出崔名贵处置掉；其余几人负责点着崔家的纸坊柴垛和房屋，然后在江边的窝瓜架子渡口相聚，一起出去谋生。

林桂兰和助手来到崔万广藏娇卧秀之地，那老东西正和那女人睡得香甜。由于春夜天暖，人们连门都不插。二人进了屋，林桂兰立在炕沿前，招呼崔万广说："醒醒吧，我送你回家……"

"回家？"崔万广睁开一双睡眼问，"谁来打扰我，三更半夜的！"

林桂兰说："是我……"

在白生生的月光照射下，崔万广看清了来者手中握着的家伙。他情知不妙，刚要跳起来从窗子跳出去，林桂兰抽出梭刀一下刺去，崔万广一声没吭，死猪一样扑在炕上。那婆娘吓得发抖，早被林桂兰的伙计用马绳捆了个结结实实。那边，小亮子和于洪仁来到赌友家，在窗外喊："名贵，你老舅来了，让你回去，说有急事!"崔名贵最听他老舅的，于是立刻推开纸牌就出来了，他到墙外问："在哪儿呢?"二人不由分说一边一刀，结果了这个恶少。

这时，崔家方向已燃起熊熊大火，王家、林家经营多年的老纸坊，又加上崔家这些年不断扩建的关东大纸坊，就这样在熊熊大火中，化为了灰烬。三十多个纸匠伙计，又从崔家背出 5 条钢枪来。这时村子里鸡飞狗跳一片混乱，于是这伙人趁乱来到渡口过了松花江。

天渐渐地亮起来了。

黎明时分，他们已逃到江西边的四方台了。四方台，顾名思义，四周有一模一样的四座山岗，中间是一片方圆几百里的大盆地。这儿林木稠密，草深叶厚，荒无人烟，平常也是人迹罕至。

大伙累坏了，就躺在草丛里。

人们刚往下一坐，忽地惊起一片蝴蝶，像一阵风刮来，转眼遮住了太阳，然后又落在不远的草尖上。

于洪仁过去读过古书，说这是一个吉祥之兆，于是大伙又没睡意了，有的是人们干了一番大事业后的劲头和喜悦。

他说："喂，咱们今后落草为寇了，但就是'土匪''草寇'也得有个领头人和报号哇……"

大伙说："对! 对!"

于洪仁就说："我看，咱们就推举大姐当头人吧!"

大伙齐说："中！中！"

林桂兰沉思一会儿，说："大伙的恩情，我永世不忘。这个事，是我引出来的，本应该领大伙很好地活下去。可我一个女人家，恐怕无能为力呀。"

于洪仁说："自古巾帼出英雄。大姐，你就别推辞了！"

大伙也说："正对！"

林桂兰说："既然这样，好吧，既然大伙看得起我林桂兰，我今后就当一个出头露面的橡子！"

大伙说："好！好！"

于洪仁说："万事得有个名号。名不正，则言不顺。大姐是咱的'总瓢把子'了，也得给她起个号，叫什么号呢？"

这时，一阵风刮来，又有一群花蝴蝶在空中飞过。于洪仁突然大叫道："有了！我看咱们大姐就起名叫'花蝴蝶'！咱们就是她队伍里的兵……"

"中！中！"大伙一想，正是天时地利，对路子。

林桂兰一想，点点头，说："既然大伙喜欢，咱们就这么叫。从今往后真名全都隐去，每个人起个外号。但有一点，咱们打着吃，要着吃，不能伤老百姓，把咱们'花蝴蝶'的名字扬开！"

当下，于洪仁抓了一些草，大伙以草为香，插在地上，然后，他像那回事似的对林桂兰说："花蝴蝶掌柜的，请你坐上首，受我等弟兄们一拜！"

花蝴蝶说："用得着这样吗？"

大伙说:"这是天意。东北人起事,做事,都这样!"

林桂兰知道无法推辞,只好选上首坐了。

她也许不知道,一个传奇般的故事从此真正地开始了,而且在北方的民间一传传了好多年……

就在此时,远处突然传来"啪"的一声枪响,是那么清脆。

花蝴蝶林桂兰说:"弟兄们,不好!一定有情况!"

大伙赶紧卧倒在地,只见不远处的草丛里唰唰地响,像有什么在急急跑动。片刻,只见一个老汉领着三五个人,脸、身上都带血迹,匆匆忙忙地从他们身边的草里,擦身而过,后面传来人的喊声:"别让他们跑了!快追!"

说时迟,那时快,接着有一帮人追了上来。林桂兰一看不好,说了声:"咱们赶快疏散!"然后她领着人也奔那受伤的老汉方向跑去。

原来这四方台地方上驻着一个自卫队,头子叫刘皮袄。刘皮袄是谁呀?原来,他就是丈夫王金钟在桦甸金矿时交下的李老鸹的好友刘皮袄!刘皮袄后来在金矿被人追杀,于是拉起队伍,当了自卫队的头子。

刘皮袄的自卫队有七百多人,八个中队,时常进山剿匪。前不久刘皮袄的人听说四方台来了一伙匪,头子叫"快活爷",五十多人,三十多支快枪,心里就打定了主意。这天,刘皮袄带领百十多人,包围了"快活爷"的驻地,又把他们打散了,现正在追剿。他不知道,有一只"花蝴蝶"也罩在了他的网中。

跑着跑着，林桂兰和大伙跑散了。

只听四周枪声大作。花蝴蝶刚在一棵树后猫定，就听背后有个叫道："这儿又拾来一个！"土匪们管抓叫"拾"，说着上去一把将她抱住了。

林桂兰刚想挣扎，又冲过来两个人，把她五花大绑，眼睛蒙上了黑布，嘴里塞上麻布被人押走了……她也不知走了多长时间，一会儿放马上，一会儿自己走，后来终于把她押到了四方台自卫团团部。

松绑之后，林桂兰一看，这是间木头屋子，里面铺着干草，像猪窝一样，其他弟兄已不知下落。于是，她忍不住哭开了，并喊："快，给我一个枪子！"给饭也不吃，给水也不喝，就是哭。

警卫感到新鲜，就报告了刘皮袄。

"她妈拉个巴子！她为啥不吃饭？"刘皮袄骂道。

"不知道，就一个要求！"

"说啥？"

"要枪子！"

"死？没那么容易。走，看看去！"

警卫把刘皮袄引到押人的地方。刘皮袄一看，是个娘们，还挺年轻。当年，老林家的闺女一个个出落得水葱似的，林桂兰虽然已是两个孩子的母亲，但她毕竟才35岁。尽管这连日来的跋山涉水，劳累过度，可她的风韵仍明显突出。加上这四方台的自卫团里一帮老爷们，哪见过娘们呀？尤其像点样的娘们。

可是，刘皮袄不知她的底细。

于是就问："你闹什么闹？不吃饭？"

警卫员也说："有话你说话，有屁你就放。这是我们自卫团的刘司令……"

林桂兰说："我有一个要求！"

"说说看！"

"还是给我一个死。"

"什么时候？"

"现在。"

"好！拿枪来！"

刘皮袄伸出手，警卫员从腰上拔下净面匣子，叫开保险，递了过去。刘皮袄把枪对准了她的额头。

林桂兰，连眼毛都不眨，对着黑洞洞的枪口，等着。见对方不扣动扳机，又讽刺地说："咋地，扣不动啊？"

这时，一个警卫走过来，伏在刘皮袄的耳边低声说："快活爷的人说根本不认识她，另一伙计供出，她是康大腊老王家纸铺的当家人，她杀了仇人，自立山门，报号'花蝴蝶'……"

林桂兰见对方停下，又问："怎么还不动手？"

"我想听听你为啥想死。"

"哼，想当初上山，就为报仇，现在我仇已报，死也值得！"

刘皮袄一听动心了。这人真挺刚强，也算得上个女中豪杰，留着日后有用啊！

于是说："看来你还有话没说完，等本司令审完了，再杀你也不迟。把她给我带下去。"

是夜，刘皮袄叫人在伙房炒了几个菜，端到他屋里，又命人将林桂兰引来。

当警卫退出去之后，刘皮袄望着站在炕沿前发呆的林桂兰说："花蝴蝶掌柜的，还站着干吗？你我都饿了，咱们吃饭吧……"

刘皮袄倒也爽快，林桂兰不动，他自己就拿起一张饼，卷上大葱和豆芽菜，大口大口地吃上了。

林桂兰也饿极了。她想，要死也当个饱鬼，于是就悄悄地走过去，坐在炕沿边上，抓起一张饼，也狼吞虎咽地造开了。

花蝴蝶狼吞虎咽，刘皮袄也狼吞虎咽。

双方都吃得差不多了，这时，刘皮袄说："你把鞋给我，我出去解解手……"

她把鞋子递给他。

他正穿之际，花蝴蝶猛地把头向他的肚子撞去，企图立刻撞倒他，然后拔枪击毙他好逃走。她这一头，劲也真大，一下子把刘皮袄给撞了个四仰八叉地倒在炕上。花蝴蝶一见机会来了，顺手去拔枪。

可是，她拔枪的手被刘皮袄按住了；她想抽身逃走，身子却被对方用有力的双腿死死地夹住，动弹不得。

"哈哈哈！"刘皮袄得意地笑着说，"你行啊，还有这两下子！

可我早就料到你有这一手。不过，我格外欣赏你这一手，真是不简单！"

花蝴蝶知道自己跑不了啦，就问："你想怎么样？"

刘皮袄躺在炕上，还不愿起来呢。

他说："花蝴蝶大掌柜，好样的。来，先给本司令点上一支烟……"

他顺手掏出烟和火柴。

花蝴蝶瞪了他一眼。无奈，只得给他点上一支烟。

可是，刘皮袄还是不放过她。他躺在那里边抽边说："花蝴蝶大掌柜，我有一个请求，不知当说不当说！"

"有话你就快说！"

"好！痛快！"

"我想留下你当我老婆……"

"放屁，你就死了这条心吧，我就是扔在大坑里，也轮不到你这个土匪的份儿！"

"唉，话可不能这么说。我是土匪，报号刘皮袄，是说我行军打仗走得快；你也是土匪，报号花蝴蝶，是说你长得漂亮，就像草甸子上的花蝴蝶。而咱们，也有一个共同点！"

"没有共同点！"

"怎么没有？你我都不打共产党和老百姓。你有家仇，我有国恨……"

"你还有恨？"

"唉，我5岁上死了爹娘，和叔叔闯关东来到东北，又赶上日俄战争，叔叔被俄国人抓去修铁路，我是被一个叫李老鸹的人领着在乞丐住的花子房里长大的。后来，叔叔被俄国人开枪打死了，俺他妈的杀了几个老毛子，逃到桦甸金矿，这才领人开进了东山里。"

花蝴蝶一听，忍不住说："丈夫先去淘金，后来惨死在狱中……"

"你丈夫？谁？"

"王金钟！"

"哎呀，那是我兄弟！"

刘皮袄说着，不知不觉地松开了花蝴蝶，他从炕上坐起来，靠着窗台吧嗒吧嗒地抽开了烟。又说："俺觉得，这年头好人少，在这种世道上，只有拉杆子当土匪是个出路。可是说句挖心眼子话，有谁能明白咱的心呢？上哪能说出个理去呢？再说，王金钟，他是俺的桦甸金矿拜把子弟兄！所以，你，你走吧！"

花蝴蝶听愣了，没想到，这个胡子拉碴的丑陋的老匪，倒有一肚子苦水。从打她被带进他的屋，她就观察，这个人虽然为匪，但也有一种庄户人家的习俗。看，吃饭时掉了一粒高粱米饭，他用粗糙的手指一次次费劲地捡起来，送进嘴里，这些细节在她心中闪闪亮：他也是人哪。加上方才老匪这一通推心置腹的话，花蝴蝶也在暗想，难道他真是好人？而且，她想起来了，丈夫生前告诉过她，在长白山里，在金矿上，他真交了两个好朋友，一个李老鸹，一个刘皮袄，看来，真是这个人？自己报仇避灾，逃荒在外，不就是想找个能久待的地方吗？如果他真是个爷们，我花蝴蝶也好有个依靠了。

这时，刘皮袄的烟又灭了。

那烟发潮，是关东的次梗子烟，他四处找火，说："我说，你给我再点上！"

花蝴蝶摸过火，藏在身后，先不点，却说："刘大柜，你说的都是实话？"

刘皮袄一愣，然后点点头，说："唉，我说的都是掏心窝子话。只因这些年走南闯北，也没遇上个能说知心话的人，今天遇上了你，不知为啥，就想对你说说……可是，我不能，因为金钟是我兄弟！"

嚓——花蝴蝶，擦亮火柴，火苗颤抖着落在刘皮袄的烟袋锅上。

几天后四方台刘皮袄绺子，一块标语上写着：吉林民众自卫军。

野营宿地上高高悬挂着一面一面的大旗，草地上坐着一群人。他们八个十个围在一起，每伙人前都是一坛子老酒和几摞子油饼，还有骨头肉和咸鸭蛋。

另一边是席棚子，长桌后面的凳子上坐着一个一个的大柜。刘皮袄和花蝴蝶端端正正坐在中间。

不断有枪声从四面响起。每响过后，定有人马来到，往往是有人高喊：

<blockquote>
老二哥啦——

平南洋啦——

东北风啦——

占中华啦——
</blockquote>

这就是土匪的"典鞭"。东北土匪行中的规矩非常讲究。土匪帮中每每遇到大事，就由主匪总头子召集各绺子头人来"开会"，名曰"典鞭"。今天，就是刘皮袄召集他管辖之下的各帮绺研究下一步举事。眼瞅着各绺都来齐，分大柜和兵士们坐好，刘皮袄从凳子上站起来。

他摘掉洁白的手套（自从和花蝴蝶成家后，他养成了清洁的好习惯），清了清嗓子，然后说："诸位大柜，各位弟兄们！先报告大家一个好消息，我有内人啦！也就是你们的嫂子……"他推了推身边的她。

她站起来，红着脸，向大家拱手。

刘皮袄说："入咱们这个道的人，不能没个号，她叫花蝴蝶，是人家自个儿起的名！"

"真赫亮的名字！"

"够爷台的。"（有男子汉的气魄）

"这人一定尿性、皮实！"

大伙说啥的都有。

有的说："大哥行啊，啥时候把嫂夫人也娶上了，真叫弟兄们羡慕呀！"

刘皮袄笑了，说："你嫂子是自个儿送上门的，不过我先和大家交个底，人家可是良家妇女，和咱们一样，苦大仇深才上的山，今后不许拿她另眼看待，听着没有？"

"那是！那是！"

"如果有人胆敢动手动脚，可别怪我不客气！"

"那是！那是！"

大伙随声附和着，都哈哈笑起来。刘皮袄也乐了，说："这是第一件事，现在开吃，开喝！算是庆祝我和你嫂子的婚礼。第二件嘛，大伙可能听说了，日本人侵占了咱们东三省。八路军人少，有时不得不躲着日本军的大部队。咱们这些人，也是中国人，就该有点良心，不能让小鬼子在东三省站住脚！"

"大哥，你说咋办吧！"

"我想把大伙叫来，就是商量下一步攻打海伦的事。对，据'料水'（外哨）捎来的可靠情报，日本人在海伦驻扎一个营，领头的是田野少将，我干爸双城镇守使赵芷鑫已表示，派人里应外合，咱们争取在腊月初十攻打海伦。天冷了，也好给弟兄们弄点棉裤穿！枪也该换换样了……"

"嗯！"

"中！中！"

各绺大柜们多数赞同，也有表示疑义的，说："日本人有马队。咱们行动慢，一打响，万一要撤，跑不快就玩完！"

"所以必须万无一失。"刘皮袄在新婚的高兴头上，一边发布战斗命令，一边对花蝴蝶说，"夫人，你还站着干啥？快，给弟兄和各大柜们倒酒！"

这一夜，四方台匪绺们欢腾了一宿，又接着玩了三天，而花蝴蝶林桂兰经历了她人生的第二次婚姻，和第一个丈夫王金钟比起来，刘皮袄可算个人物啦。

严冬，队伍从四方台直奔海伦。

老风老雪整日地吹刮，天和地的界线已经不见了，四野茫茫一片，灰蒙蒙，暗乎乎，冷喳喳。

厚厚的雪壳子上，正好走爬犁。

土匪们一伙一伙坐在爬犁上，抱着大枪挤在一起，风夹着雪，一把一把灌进他们的脖颈子和袄袖子里，走一会儿，就有人喊："停停！掏掏雪粒子！"

于是人一把一把地互相从脖颈子里往外掏雪，胡子长的，往往胡子上结着一条条冰溜子，张嘴都张不开，这样的人自己手里拿根小棍，时不时地敲打下巴上的冰溜子。

由于雪大，在雪原上行走，往往穿上鞋托这种东西才能通过。鞋托，就是一种木藤子编的"套"，因为花蝴蝶是出名的纸匠，开纸坊时，她能亲手编装纸坨子筐，所以现在编鞋托的手艺也派上了用场。刘皮袄自豪地说："看看，你嫂子、我夫人，大纸匠给你们露一手！"使劲儿地夸这女纸匠。

零下40多度，滴水成冰，寒冷无比。

撒尿的人刚一尿，就冻成冰柱能把人支个倒仰，得用小棍不断敲打"尿冰"。这真是个寒冷的关东的岁月。

刘皮祆和花蝴蝶坐在带暖棚的爬犁里，这种爬犁上面钉着木架子，四周围上狗皮，开一个小小的窗子，叫"风眼"。里面还可以生一个小火炉。可刘皮祆惦记弟兄们，他时常跳下暖爬犁，到外面的大风雪中去看看弟兄们，对这一点花蝴蝶打心眼儿里佩服。

天黑，队伍宿在离海伦20里的榆树台子大车店。

吃完饭，队伍在外面的席棚子宿下，大车店掌柜的（刘皮祆的内线）走进屋子，说："大柜，'料水'的送过信来，海伦的日本人在增加兵力！"

"什么？不可能吧！"

刘皮祆放下烟管笒，翻身从炕上坐起来，说："情报可靠吗？"

"绝对可靠，我内弟他二舅的姑妈在海伦，方才送来的消息。"

花蝴蝶说："万魁，队伍里有没有可疑的迹象？"

"你是说，有人放风？"

"不然日本人怎么突然增兵！"

"这，不可能！不可能。"

刘皮祆对大车店掌柜的说："继续和内线联系，要连夜送情报！"

大车店掌柜的出去后，花蝴蝶说："眼下十万火急，如果情况属实，我看咱们立刻撤走，不能硬拼！"

"桂兰，你害怕了？如果日本人是盲目增兵，那我们就不要怕他们。再说，这么大的队伍，拉出这么远，也不容易行动！"

花蝴蝶听他说得也在理，于是说："你先歇着，我去外头各处看看弟兄们的帐篷。"

风雪还在呼啸着，林桂兰来到一处帐篷外，就听里边有人在议论："听说海伦的日本人在增兵？这真是见鬼了！别是大柜和日本人串通好了，拿咱们当他升官的见面礼吧！"

"是呀！不然咋会拿石头往鸡蛋上碰呢？"这是秋天刚收编的"平南洋"的声音。

林桂兰又来到一个帐篷外，只听见一些人也在议论："咱们对前方的情报不准哪，哪是一个营日本人，听说一个军团！"

这是入冬才收编的"小金山"的声音。

林桂兰再也听不下去啦。她返身回了屋，上去掀开盖在刘皮袄身上的大衣，说："姓刘的，今天你给我说清楚，我跟了你，是看你像条汉子，你是不是要靠日本人……"

刘皮袄一愣，坐起来说："桂兰，你疯了！我怎么会是那样的人？"

"可外边儿嗡嗡的，说你和日本人通气！"

"什么？有这样的事？"

花蝴蝶也急了，说："姓刘的，你少装。今天你不说实话，我一枪放倒你！"

刘皮袄又一惊愣，说："桂兰！桂兰！你难道信不实我？"

"我信实你，可我的枪信不实你！"

砰——正在这时，外面的雪地里，突然传来一声枪响。

"不好了——日本人进村了——"有人在外面喊着。枪声和跑步声响成一片。刘皮袄说："桂兰不好！快！有情况！"说完，他掏出枪跳下炕跑了出去。

"站住！你想跑——"

慌乱中，林桂兰举枪逼在了刘皮袄的后背。

"桂兰，你想干什么？"

"哦，我看你可疑！"

"你！你……"这时，屋门一下被撞开，进来的正是平南洋和小金山。

一见这情景，小金山举枪就把刘皮袄射倒了，说："嫂夫人，你干得好！他是什么大柜？他已和日本人串通一气，早把咱们出卖了！"

林桂兰惊愣一下，她想埋怨小金山，要打也不应该他打。这时，平南洋踢了两脚躺在血泊中的刘皮袄，拉了一把发愣的林桂兰说："嫂子，快走！晚了就突不出去了！"

三个人一出屋，外面已是枪声一片。

这时迎面走来了"老北风"和"老二哥"两个大柜，一见小金山他们，问："大哥呢?"

"什么大哥？他叛变了，已被我们解决了！你们也不是好人！你们联合日本人，策动队伍哗变——"说完，举枪就向对方射击。

老北风和老二哥急忙躲开，也向这边射击。小金山和平南洋拉起林桂兰就跑。枪声大作，榆树台子一片混乱。小金山、平南洋和花蝴蝶三人也分不清哪是日本人哪是自己人，他们急忙从马号里拉出三匹马，跳上去朝西北跑去了。若干年后提起这次"突变"，花蝴蝶那是悔恨万分。因为在当时，她是被蒙在鼓里。

人，有时难免犯错呀！

他们在一个雪坑里待了一宿半天。

第二天下午，他们又返回榆树台子，一看，遍地都是弟兄们的尸首，大车店也被放火烧了，屋子里却不见刘皮袄的尸体。

平南洋和小金山说："咱们走吧。看来队伍是被打散了，咱们成了无家可归的鸟，四方流浪吧。"

小金山说："上哪去呢?"

平南洋说："去哈尔滨，我姑妈家在那！咱们可以避一避。"

于是，他们俩人领着林桂兰就去了双城，腊月二十那天，他们来到了哈尔滨。

"兵慌马乱的年月，两男一女走到哪都扎眼，你们还是在俺这住下吧……"平南洋的姑妈家在道里一个胡同住，见了他们三人，这样嘱咐说，并不断拿眼睛撩花蝴蝶。

平南洋说："姑妈，这是俺们大柜的嫂夫人，报号花蝴蝶，可是才色双全的人哪！今后还请你加倍关照……"又对林桂兰说："这是俺姑妈周氏！"

周氏上下仔细地打量一回花蝴蝶，自言自语地说："人是不错，胖瘦相当，只是这价码……"

平南洋立刻接过去说："回头再说！回头再说！"

周氏说："那么好吧，你们先在我这儿住下，吃点饭歇歇！"

当有人端来酒菜时，花蝴蝶不解地问："平南洋大柜，方才你姑妈说什么价大了小了的？"

平南洋和小金山两人一对目光，然后平南洋立刻说："啊，是旅价，你没看我姑妈家是开旅店客栈的吗？我们一下子来了三个人，她也是小本经营，就是按最低宿费算，她也得破费呀……"

小金山说："是呀！是呀！"

花蝴蝶心中还是画了个魂儿，默默地端起了饭碗。

这一夜，他们宿在周氏处。

花蝴蝶一个人宿在靠里间的一个单间里。平南洋和小金山两人喝多了，小金山像死猪一样呼呼睡，平南洋在哼哼唧唧地唱着小调。

她却怎么也睡不着，思想着自己离开家乡后的坎坷经历，心中有种说不出的滋味儿。

这时，平南洋突然走到她的门外，连敲带喊："嫂子，快开门。我，我的烟袋忘在你屋里啦！我犯，犯烟瘾了……"

离开榆树台子，一路上花蝴蝶背着包袱。

她不愿深夜给他开门。

可平南洋在外连喊带跺脚："快，不行了！"

"你等着，我递给你……"

她从包袱里摸出烟袋和烟口袋，跳下地，把门开了一个缝，想递出去，谁知平南洋一闪身，挤了进来，回身又把门关死了。

花蝴蝶说："平南洋，你要干什么？"

"干什么，你是最清楚不过的了……"

说着，他已脱下外衣裤子，放肆地往前走来。

花蝴蝶说："平南洋，你个没大没小的，俺是你的嫂子你忘了？"

"嫂子？哈哈哈……"

他狂笑着抓住花蝴蝶不放，说："你知道刘皮袄是怎么死的吗？这是俺哥们给日本人田野送的情报。所以，所以大军没到海伦，已被日本人包围。我，我佩服你，帮俺们哥们的忙，杀了刘皮袄那小子……哈哈哈！"

花蝴蝶一怔，猛地推开平南洋，可平南洋借着酒劲，死死地抓住她不放，并把她压倒在炕上。

花蝴蝶沉静了一下，又问："平南洋，你说的这一切都是真的？"她希望他是酒后胡言。

平南洋说："怎么？你不信？这次俺哥们来哈尔滨，就是上日本关东军司令部领奖的……”

花蝴蝶一听，心血"轰"地升上来，她趁他不备，一脚就揣在平南洋的"子孙根"上，那小子像挨刀的猪，"呀"地号叫一声，翻身落在地上。就在她回身摸枪的时光，听到动静的小金山端着枪，一脚端开了门，枪口对着花蝴蝶说："臭婊子，你装什么豪杰？这次我们哥俩杀了刘皮袄，没杀死你就算不错了。本来想把你一块儿交给日本人，才把你领到这个地方来。"

花蝴蝶不顾一切地抓枪反抗，却被平南洋死死地抱住大腿，小金山也扑上来。

花蝴蝶再也无力抵抗了，她爹一声娘一声地叫着，遭到了平南洋和小金山这两个家伙的肆意蹂躏，然后又把她捆了起来。

声音惊动了住在上屋的周氏。

她跑过来说："住手！她是俺的人！"

平南洋说："我看结果了她。日后她说出去，你我都不好在世上做人！"

小金山说："可咱们已把她卖给了周颖周鸨子了，拿了人家的，咋还能毁了物？谅她一个女人家也宣扬不哪去！"

于是，他俩回屋取出东西和枪支，对周氏说："姑妈，告辞了。俺们上大和旅馆找日本人领奖赏去。日后再经过这儿，还请多关照。只是这个婊子就交给你了……"

"畜生！败类！"

花蝴蝶躺在炕上不能动，泼口大骂。可是没办法，她眼睁睁地看着这两个家伙心满意足地走了出去，心里又苦又委屈，自言自语地说："刘大哥，都怪俺害了你呀……"

花蝴蝶伤心透了。

那苦涩的泪，从脸上泉水般流下来，淌进嘴里。她一口一口咽着，企图让这悔恨的泪引起她后半生处世的教训。

看见周氏站在那里，花蝴蝶说："姑妈，你站着干啥，还不给我解绳子……"

"解绳子？你还不知我是干啥的吧？"

周氏点上一支洋烟卷，一手递到嘴边，一手插在怀里，倚在门框上，斜眼看着赤身裸体被捆绑着的花蝴蝶，说："实话告诉你，我根本不是平南洋他们的什么姑妈，我是'翠喜堂'窑子的老板。他们已经把你卖给了俺。当初我就嫌贵，价是当着你的面讲的。窑子是干啥的，你知道吧？东西长在你身上，你就得给我卖。到了这里装贞节烈女，可没有什么好果子吃！"

这一天，花蝴蝶落入烟花已有二年之余了，她午间醒来，吃过饭就开始梳洗打扮，突然走廊里喊："接条子客——"

这条子客就是白天来的人，不住局，完事就走。喊声刚落，九妈推开花蝴蝶的门，领进一个人来。那人低着头，等九妈一走，他猛地抬起头来，叫了一声："大柜！"

"洪仁，是你？"

来者正是于洪仁。

"没想到吧……"于洪仁说，"自从四方台突围，咱们走散后，我就投了双龙绺子。双龙绺子里有个密探，在日本人中活动送出信，这才知道平南洋和小金山叛变告密，策划刘皮袄队伍哗变，并把你给骗走了，后来我千方百计打听，才知你在喜玉堂的下落呀！"

"这么说，刘皮袄还活着？"

"他被平南洋和小金山他们打伤，亏得后来老二哥他们赶到救出他，这才冲出日本人的包围圈。唉，他现在伤刚好，一直在奉天养伤。还不知他回没回山里，双龙和他也是好朋友。"

"洪仁……"花蝴蝶叫了一声，拉着于洪仁哭上了，似有千言万语要说。于洪仁赶紧推了她一把，说道："不要失态，以免让老鸨子认出来，坏了大事。"

花蝴蝶不哭了。

于洪仁说："后天头晌，船场牛家钱庄大柜要接你出'外条子'，我们已准备好人马，在德胜门迎你出逃……"

这时有人来送茶，于洪仁假装和花蝴蝶温存一番。

"开条子"是有钟点的，为了不露出马脚，交代好前后情况，于洪仁就匆匆走掉了。

这一宿，花蝴蝶思绪万千，于洪仁是她在家乡纸作坊的伙计，从小自己本是良家妇女，被世道所逼走上杀人越货的路，如今又被人家在烟花柳巷寻到，真是难以做人哪。即便于洪仁能理解她，世人能体量她吗？

这日早晨，九妈果然到她屋说："闺女，今天你出外条子。"

"到哪?"她故意问。

"谭家胡同牛家钱庄。出外条子的规矩都记下了吗?"

这出外条子,是有钱人家的嫖客把妓女接到自己家去过夜,这在妓院是一件担风险的事,主要是怕妓女路上逃跑走失。所说规矩,是指嫖客已出大价先交到老鸨手里,如妓女在他那儿丢了,他要再加码,所以妓女跑了等于坑人家。而对于妓院一方,在送妓女路上要格外小心,妓院要派得力"龟奴"去护送(监视),这才能万无一失。所说"规矩"是指妓女要懂得这些"道理"。

九妈说:"如果你坏了俺的规矩……"她顺手操起一只茶壶,"啪嚓"摔在地上,说道:"我就扒了你的皮!"这叫"拿威"。

吃过晌饭,天气晴朗,花蝴蝶在两名龟奴一左一右挟持下,出门上了人力车,直奔谭家胡同。这牛家钱庄在北山对门不远,人力车上了大道,要走江边堤岸,远处就是德胜门渡口了。突然,一个龟奴见地上一只皮鞋,新的,也没放在心上,又走了一会儿,他又发现一只皮鞋扔在道上,他想,这两只放在一块儿,不正是一双吗?于是喊:"停车!"人力车夫就停下来擦汗。

这龟奴对另一个龟奴说:"老弟你等着,我去把那只鞋捡来!"这个龟奴说:"你可要快点!"

"我去去就来!"

其实,从这只鞋到那只鞋,已走出足足 500 米远,而且道上还有个弯。

待那人走得不见了，车夫突然对着那个龟奴的眼睛就是一拳，又一顿狠揍，把这家伙打昏了头。花蝴蝶再定神一看，这车夫正是于洪仁。于洪仁二话没说，拉着她就跑下堤岸，江边正停着一只小船，待二人上了船就奋力向对岸划去，转眼就登上了江南岸。

等那个龟奴拎着一只新鞋跑回来时，另一个昏迷的家伙还没醒呢！再看车夫和花蝴蝶，早已不知去向了。

逃出这个虎口，花蝴蝶去了哪里呢？

于洪仁和花蝴蝶马不停蹄，连走三天三夜，进了关东山。这日，天已麻达（黄昏）了，前方出现了一些小房舍。

黑暗中，道口处突然跳出两个人，"咔嚓"一声拉上枪的大栓质问："你是谁？"

于洪仁："我是我。"

对方："压着腕！"

于洪仁："闭着火！"

对方："啊，是吃一碗饭的。"

于洪仁："我要拜山，拜望大当家的。"

对方："甩个蔓？"（贵姓）

于洪仁："顶水蔓。"（鱼顶水走）

"啊，先生姓于，请！"

于是上来两个人，把于洪仁和花蝴蝶的眼睛蒙上，枪下下来，带着进村了。

约莫走了半袋烟的工夫，进到一个院子，又被领进了屋。于洪仁和花蝴蝶眼睛慢慢缓过来，才看清对面大炕上坐着一帮子人。

为首的一个黑皮肤汉子，手端着大烟袋，正在咕咕地抽着。

于洪仁双手一抱拳，举过左肩。说：

> 西北天上一片云，
>
> 乌鸦落在凤凰群；
>
> 满屋都是英雄汉，
>
> 不知谁是主家人？

对面那黑大汉用大烟袋锅"咣咣"地敲着炕沿，说："我是！什么事？"

于洪仁对答如流："我们两人出门在外，马高了镫短了，特来找碗饭。"

一个小子说："这是俺们'黑星'大掌柜的，有话对他说！"

于洪仁说："我听说大柜你这儿人强马壮，局红管亮，这才特意来投靠，请黑星大柜赏碗饭！"

这时，黑星又用烟袋敲打着炕沿说：

"这碗饭可不那么好吃呀！"

"一定吃！"

"一定？"

"对。"

"不怕噎着?"

"不怕。"

"不怕呛着?"

"不怕。"

"好!"黑星叫道:"敢顶壶吗?"

"敢。"

黑星说:"我说那个娘儿们……"

花蝴蝶瞅瞅于洪仁说:"没这胆量,也不敢来闯山门!"

黑星点点头。又突然说:"管技咋样?"(指枪法)

花蝴蝶说:"说打它鼻子,不伤它眼睛……"自从上了山,她的枪法在刘皮袄的指点下,已有很大长进。

众土匪都叫好,并让大柜给她试枪。

当下,有人拿来两个茶壶,在于洪仁和花蝴蝶头上一人放一把。黑星手起枪响,二人头上的壶碎了,然后他派人去摸他二人的裤裆,如果没尿裤子就"够交"。这一关过去后,黑星叫人抱来一只大公鸡放在靠墙柜上,让于洪仁和花蝴蝶试枪。

二人接过黑星的"铁公鸡",一人一枪,都是从鸡冠子上穿过,没伤着鸡头和鸡眼。众土匪一见,连连叫好。

黑星点点头,也乐了,说:"二位有这么大本事,咋才出山?"

于洪仁说:"不瞒大柜,我是双龙的二柜,她是刘皮袄的内人。我们两人过去是同乡;这次她落难我去救她,才走到大柜你的地界上来了。"

"啊！双龙?"黑星大吃一惊,说:"前不久双龙绺子被保安军打花达了……"黑星又说:"刘皮袄俺们是朋友。他过几天约我们去典鞭共事,还望嫂夫人在大柜面前多美言几句!"

花蝴蝶点点头说:"唉,我也想见见刘皮袄,真是一言难尽哪!"

"赶快上酒！上菜!"话唠到这个份儿上了,黑星立刻端酒坐陪。

撞见刘皮袄是早晚的事。

于洪仁的双龙绺子也被保安军给打花达了,他只好在黑星这儿暂且栖身,并执行他的秘密任务。三日后,天高云淡,黑星、于洪仁、花蝴蝶各骑一匹高头大马来到四方台刘皮袄的驻地。

"典鞭"过后,黑星跳下马,走到刘皮袄前说:"大哥,今儿个你得请我喝酒,我给你带来一个人……"

"谁?"

"你屋里的——我嫂子呀!"

"花蝴蝶? 她在哪儿?"

这时黑星一摆手,花蝴蝶和于洪仁拉着马从林子里走出来。

刘皮袄惊愣地从桌后站起来,一甩大氅绕过桌子向花蝴蝶走来。许多匪兵听说"叛军"头子花蝴蝶来了,一个个拔出枪叫道:"杀了这个骚娘们!"

"臭婊子! 可把咱们坑苦了!"

"大柜的小命差点让她踢登了！"

刘皮袄回身一扬手："别嚷嚷啦——"这才震呼住。

花蝴蝶等待着，她知道难脱一死。

这时，刘皮袄已走到她跟前，上去一把扶住她的双肩，叫道："桂兰！让你吃苦啦！现在很多不明真相的人都蒙在鼓里，认为你和平南洋、小金山他们是一路。这才扯呢！我心里有数，你和他们不一样。当初，你是被他们给架起来了！这两个王八犊子，把队伍弄乱，投靠日本人当爹。咋样，日本人其实也最恨那种叛徒，归齐他俩都叫日本田野给扒了皮，用他俩的皮做了两个灯罩，田野太郎天天点着，让他的部下知道叛徒没好下场……因此上，我不怪你桂兰……"

"刘大柜——"

花蝴蝶眼里突然涌出大颗泪花，扑通跪倒在地，连连说："不！刘大柜！你，你杀了我吧……"

刘皮袄上去扶起花蝴蝶说："起来桂兰，我刘皮袄还不至于糊涂到这个份儿上！"他又问林桂兰于洪仁是谁，花蝴蝶告诉他这是她的救命恩人并是和她从小一块儿起事的纸匠伙计。刘皮袄很高兴，一扬手说："快请！席上坐。"

他拉着花蝴蝶的手来到席上，坐下后，他又站起来，双手向全场一拱说：

"诸位，花蝴蝶你嫂子回来了，今儿个咱们当着大伙把话挑明了，她还是她！她还是咱们的人，是我内人！哈哈哈！决不允许另眼看待她。"

花蝴蝶心里别提多宽心了，她没想到刘皮袄这么开通，同时心下也庆幸又回到了他的身边。由于花蝴蝶的到来，刘皮袄也十分高兴，并任命于洪仁为他们这个队伍的"翻垛的"（参谋长）。夜晚，他们倾诉家常并把于洪仁也请来了。刘皮袄高兴地对于洪仁说："参谋长，不瞒你说，我这些年招兵买马，就想联合一些人打日本子。我是苦于人单哪！"

于洪仁说："说单也不单，说孤也不孤……"

刘皮袄说："此话咋说？"

"全中国的老百姓都站在我们身边。"刘皮袄一听，打了个"奔"（发了一下愣），问："你，你是干什么的？"他于是又问花蝴蝶："桂兰，你的这个老乡，是干什么的？"

于洪仁笑了笑，说："大柜，你看我是干什么的？"

刘皮袄说："我，我看你像共产党派来的密探！"

于洪仁说："但不管到什么份儿上，我不能扔下你大柜不管。大柜你想想，将来就是咱们不抗日，日本人也不会允许咱们存在呀。这样成天偷偷摸摸的，日本人也打，八路军也碰，猪八戒背媳妇，费力不讨好。你若问我是什么人吗，我是王德林的好朋友，又是你刘皮袄的参谋长！"

"你真是王德林的朋友？"

刘皮袄吃惊不小！

因为刘皮袄知道，王德林是东北国民救国军总司令，在地面上被日本人提起来也是打战的人物，当时关东的许多绺子都想靠近他。有的是做了坏事不敢，有的是联络不上。现在，刘皮袄的参谋长竟然是王德林的人，这不能不让刘皮袄吃惊。还是花蝴蝶来得快。她于是说："刘司令，这回咱们可得吃一堑长一智，不能在光天化日之下把这事吵吵出去。上回攻打海伦，就是你一放炮，让平南洋和小金山钻了空子。我看咱们私下里接接头，见见面。"

"嗯，有道理！"

花蝴蝶对于洪仁说："洪仁，你也真行啊，一路上都瞒着我。"

于洪仁说："大姐，我能不告诉你吗！只是当初想让你引见找到大柜，咱们再把窗户纸捅开……"

刘皮袄哈哈大笑，说："你小子是想钓大鱼，对不对？有道理！有道理！"

花蝴蝶不知道于洪仁在四方台和她失散后，参加了东北抗日义勇军。他的主要任务是到各种民团、匪绺、大排的队伍中进行策反归正工作。

在此之前，他在双龙绺子工作，后听说花蝴蝶落难烟花，就百般寻找，想通过她结识刘皮袄，以此说服刘皮袄公开归结在王德林的国民救国军之中，联合抗日大业。

刘皮袄的吉林民众自卫军归顺王德林的国民救国军工作进展很顺利。

1934 年春，在于洪仁的细密工作下，通过王德林同刘皮袄和花蝴蝶多次秘密相见，这支队伍的三千多弟兄终于编进了王德林国民救国军的名下。可是刘皮袄的队伍在山林里待惯了，时而还有"匪气"发生，这使王德林很生气，批评过他几次，刘还不服气。

在花蝴蝶之后，刘皮袄一连串又说了四房老婆。1939 年，日本人在东北山林中加紧搜山，许多队伍被打散了。王德林的队伍接到上级命令，立刻撤到苏联的西伯利亚去保存实力，这时，刘皮袄已把几个老婆都送到苏联上学去了。

冬天，他和花蝴蝶住在赤塔。

丈夫说："桂兰，我有心把你也送到莫斯科去学习……"

花蝴蝶说："快别说了。我不比那几个姐姐！她们有文化、有出息。我这辈子，就是使使枪杆子！再说，你南征北战的，也得有个人照顾啊！"

刘皮袄说："你呀，真像一只蝴蝶，沾上了我，就不乐意飞啦！"

这时的林桂兰已经成了和丈夫一起带着六千多人的"军副"啦，平时行军打仗，她也参与冲锋陷阵和指挥。

七、传奇故事世代传

1940 年初冬，茫茫戈壁，太阳一落山，戈壁滩上风沙弥漫，这些在关东长大的弟兄，哪见过这种式样的大风和沙石，于是不得不停止前进，就地挖坑支帐篷。部队艰难跋涉，两天后，开到呼图壁一线，立刻和马占英的队伍接上了火。恶战一直打了三天三夜，双方都各有损伤。

这天晚上，激战刚刚结束，夜色像一条黑被，覆盖茫茫大漠，没有起风，月亮悄悄升起来了。

那惨白的月色暂时使人忘记了战争的苦恼，吃完晚饭，刘皮袄对花蝴蝶说："夫人，你先歇下，我出去遛遛。"

他一个人出了帐篷。大漠在向远方延伸，四周静得可怕，遍地是弟兄们的尸体。那一座一座帐篷，倒像东北老家的荒坟。刘皮袄长叹一声，自言自语地说："世界这么荒凉！"

站很久了，他觉得冷，想回帐篷去。

还没待转身，突然身后有人说："刘将军，别动！"

刘皮袄愣了一下，问："你是什么人？你要干什么？"

"今天送你上西天，明年的今日将是你的忌日！"

刘皮袄走出帐篷时没把枪带在身上，他本想到外边转转就回去。可如今，他还能回去么……

他说："你能告诉我你是谁吗？"

"我叫杨九钧。"

"我必须转过身看着你开枪，因我这辈子没打过黑枪。"他慢慢转过身来，看着这刺客，是一个小个子，离他只有七八步远，就是最拙劣的枪手，也不会射歪的。

于是他说："还有，我死后，你最好别难为我夫人花蝴蝶，

174

让她自由地飞回东北的长白山。行吗?"

他仿佛看到对方点点头。

于是说:"动手吧!"

砰——砰——

两声枪响,刘皮袄摇晃一下,慢慢地栽倒在茫茫戈壁滩的荒凉沙堆上了。

塔里木的荒漠无边无际。没有人迹,没有一丝绿色,万年前枯死的株株胡杨树根,时而散乱在沙丘上,向人间展示着岁月的历程。

一个人影从沙丘上爬上来。她,披头散发,身上的衣服是一条一条的,赤着脚,裤子的膝盖上已一片血肉模糊,当看清她那圆圆的脸和美丽的眼睛时人们才认出是花蝴蝶。

呼图壁一役,丈夫刘皮袄遭人暗杀身亡,她领着弟兄们又苦战了七天七夜,弹尽粮绝。她先是带领几十人突围,等冲出包围已剩下十多个弟兄,后来,弟兄们一个一个地饿死,剩下她一个。据说女人抗饿,死得慢。但是,她预感自己支持不了多久了。

这时,几名骑骆驼的人从沙丘下爬上来,为首的一个连腮胡子的人说:

"这有一个人!"

他们跳下来,一个人揪住她的头发,一看说:"就是这个人!她叫花蝴蝶!帮助盛世才那老狗把咱们兄弟打散了!"

刽子手给花蝴蝶穿上一件大红袍，然后把她架上大车，在四声惨叫声中，四根大钉子从她的手心和脚心上钉过去，把她牢牢地钉在"大"字车架子上。

　　车子向刑场出发了。大街上万人空巷，人们都挤在刑场上等着看这关东的著名女土匪的死。

　　车子吱吱扭扭地响，丧号嘟嘟地吹，空气中流动着震人的丧号的低音，震得路边的草和树上的叶子都在抖动。

　　西北和东北都有的民俗是，要死的人的车子每经过一个买卖人家的门口，卖酒的人就给犯人酒喝，卖饭的可以给犯人饭吃。但她酒不喝，饭不吃，只是含着泪告诉人家："掌柜的求求你，我死后设法往东北、长白山捎个信，就说我花蝴蝶死时没眨眼……"

　　刑场到了，丧号停了。

　　万人屏住气，看着停在场中间的刑车。

　　砍头的把犯人放下来执行。可是一时忙乱，却找不到起钉子的锤子和钳子。这时，只听花蝴蝶说："不用了，我自己来！"话声刚落，她一声怒喝，猛地一挣，只见她手和脚上的碎骨和血肉顿时在空中横飞，她跳下车来了……全场顿时震惊，老人们捂住眼睛，同情的泪哗哗地淌下来，她仰天长叫："我是东北好汉哪！"

　　刽子手刀光一闪，人头在地上滚了几下，不动了。至此，一只在人生的大草原上飞腾了几十年的花蝴蝶消失了。

　　自从林桂兰率领纸作坊的部分工人，杀死仇人崔东家，逃出魔掌之后，崔家的纸作坊，也渐渐地冷落起来了。可是，关东是老纸的故乡，不能没有纸啊，于是，这个纸厂在王金钟"晒德亮"家之后，变成了崔家纸坊。后来，崔家人走院空不过两年，又来了一个姓胡的人，开起了这个纸坊，而且越干越大，后来就改名叫开山屯造纸厂。日伪统治时期，又迁到了图们江流域，专门伐长白山树木造纸，规模巨大，新中国成立后成为全国最大的造纸厂之一了。可是，当人们讲起造纸的故事时，总有一个花蝶蝴的故事，世世代代传下来，从那时一直传到今天。

纸匠从不吃马肉，因为马拉纸碾子。

一张老纸，在岁月的历程中，留下了多少难忘的记忆呀！中国民间从南到北都有关于纸的文化，造纸更是重要的生活民俗和生产民俗，此书努力留下这些民俗。

值得提及的是，我在云南丽江世界文化遗产古城的东巴纸坊里，结识了小宇、张老师（布鲁斯·李），他送我的两部书，详细记载了纳西纸的制作历史和过程，还有东巴文字的书写与纸的独特的功能，这些都留下了珍贵的民族民间关于纸的故事和文化，还有在这之前我去过的云南芒团造纸人家，使我十分难忘。而更加激动人心的纸的故事，却是中国北方的老纸故事和文化，东北的"窗户纸糊在外"，千百年来，把纸和纸文化，与这里人的生活、信仰，深深地融合在了一起，纸文化就这样成为东北人的生活文化。但是，由于过去人们没很刻意地注意纸文化，这方面留下的民俗缺少归集和保护。特别是有了玻璃之后，东北人也不用纸糊窗户了，所以造纸的作坊渐渐地少了，以致后来便绝迹了。所以此书更显出宝贵了，加之后来一些老纸匠手艺也不再传了，所以此书传承了历史的、民间的纸手艺，传承的消失和变化，终于留下了一些，也许这是它的朴实的价值。感谢邱会宁、崔保来、黎邦农、应天生等专家学者，感谢高吉宏、海川提供了关东蔡伦苗家纸匠传人苗福才老人的线索，使得东北纸文化有了着落，而且严守贵师傅也是热忱之人。

纸的神奇手艺和纸匠的传奇故事，最后凝聚在一张老纸上。这张老纸，总在我眼前晃动，我把它的故事留给历史，也是留给未来，更多的是使人别忘记生命和岁月的过往。随着时光的磨洗和消逝，这样的文章将变得更稀缺了。